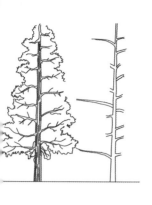

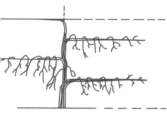

中外果树
树形展示与塑造

ZHONGWAI GUOSHU SHUXING ZHANSHI YU SUZAO

汪景彦　隋秀奇　绘著

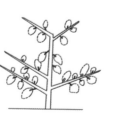

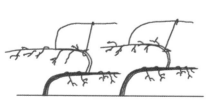

中原农民出版社
·郑州·

图书在版编目（CIP）数据

中外果树树形展示与塑造/汪景彦，隋秀奇绘著；高登涛，王昆，李壮编写.—郑州：中原农民出版社，2018.2

ISBN 978-7-5542-1838-9

Ⅰ.①中… Ⅱ.①汪… ②隋… ③高… ④王… ⑤李… Ⅲ.①果树－修剪－图集 Ⅳ.①S660.5-64

中国版本图书馆CIP数据核字（2018）第027688号

本书作者

绘　著	汪景彦　隋秀奇
绘　图	汪景彦
副主编	王　昆　李　壮
参　编	王大江　厉恩茂　田　帅　李　敏　李秀根　李晓春　杨文盛
	闫　帅　赵继荣　赵德英　赵小舟　高登涛　袁继存　徐　锴

出版： 中原农民出版社

官网： www.zynm.com

地址： 郑州市经五路66号

邮政编码： 450002

办公电话： 0371-65788676

购书电话： 0371-65724566

出版社投稿信箱： Djj65388962@163.com

交流QQ： 895838186

策划编辑电话： 13937196613

发行单位： 全国新华书店

承印单位： 辉县市伟业印务有限公司

开本： 787mm×1092mm　　　　1/16

印张： 11

字数： 180千字

版次： 2018年2月第1版　　　　　　**印次：** 2018年2月第1次印刷

书号： ISBN 978-7-5542-1838-9　　　　**定价：** 50.00元

　　汪景彦，男，辽宁省沈阳市人，1935年10月生。1955年考入北京俄语学院留苏预备部，1956年在北京农业大学（现中国农业大学）园艺系果树专业学习，1961年春毕业，被分配到中国农业科学院果树研究所栽培室工作。1970～1977年调到陕西省果树研究所工作，1978～1995年返回中国农业科学院果树研究所工作，历任栽培室副主任、主任等职。1994年创办《果树实用技术与信息》杂志并任首任主编。1990～1994年受聘为农业部果树顾问，1993年晋级研究员，1995年10月退休。至今仍常年奔波于各大苹果产区，普及技术，培训果农，协建优质示范园，推动果业发展。

　　在科普天地勤奋笔耕，已发表专业论文200篇，译文200余篇；主编、编著、参编、翻译科技著作90余部，总字数近2 000万，发行量近400万册。多部著作、论文获奖，颇受果农欢迎。

　　1978年4月获陕西省科学大会先进个人奖，主持的"乔砧苹果密植丰产"项目获陕西省科学大会奖，1980年获陕西省科技成果三等奖；1987年，主持的"旱塬坡地苹果密植试验"获陕西省宝鸡市科技进步一等奖；1991年，主持的"新红星苹果技术开发研究"获农业部科技进步三等奖；1992年获国家级"80年代以来科普编创成绩突出的农林科普作家"称号。1993年开始享受国务院国家特殊津贴。2006年获河南省灵宝市科技合作奖；2007年获河南省三门峡市科技合作奖；2008年获辽宁省葫芦岛市"服务新农村建设优秀老科技工作者"和"标兵专家"称号。2011年获辽宁省"金桥奖"。

隋秀奇，男，汉族，1966年2月出生于山东省乳山市。1992年7月毕业于莱阳农学院，中共党员，高级农艺师。现任烟台现代果业科学研究院院长、烟台现代果业发展有限公司总经理。

主持育成的苹果新品种烟富8、神富2号、神富3号、神富6号苹果新品种，在2017年12月中华人民共和国农业部公告第2624号已予公告，并获得登记证书。该品种在第十三届、第十四届中国林产品交易会上获得金奖。其中烟富8品种上色快、表光好、品质优、产量高，且该品种因上色快不用铺反光膜，减少了果园投入，避免了因反光膜造成的环境污染，现已推广到全国所有苹果产区。神富6号为红色双芽变短枝型红富士品种，除具有红富士苹果的优点外，其抽枝力强、成花容易，用工少、管理简便、见效快（当年栽植，当年形成花芽，第二年结果）等优良性状，深受苹果产区欢迎。

1993年至2017年，先后在国内外学术期刊发表专业学术论文及科普文章50余篇，在国内3家科技出版社出版有合著、主编、参编的著作4部（册）。

培育无病毒优良砧穗组合数百万株，供应山东、河南、安徽、陕西、山西、辽宁、新疆等省区，为红富士品种更新换代发挥了重要作用。10年来，针对果业生产存在的问题，组织院内外科研人员，走向生产第一线，及时提出切实可行、行之有效的解决方案，挽回果业经济损失数亿元；通过采取建立科技示范园的形式，创立技物结合模式，组装配套果园生产新技术30余项，推广新肥料、新农药数十万吨，取得了良好的自身效益和社会效益。2012年获得"烟台民间模范"荣誉称号。

前　言

　　果树整形是果树生产管理中一项重要的技术环节，它随生产的发展而发展，也随人民生活水平的提高而不断丰富完善。1989年2月，笔者曾在农业出版社（现中国农业出版社）出版《果树树形及整形技术》一书，2008年，在中原农民出版社出版《汪景彦苹果树整形修剪新技术》，在此期间，国内外的果树树形不断创新、演进，发生了较大的变化。以苹果为例，由稀植大冠形向矮密小冠形发展，树冠由复杂向简化方向发展，由费工向省工方向发展。20世纪60～80年代，重点推广主干疏层形，20世纪末，提倡小冠开心形、细长纺锤形、松塔树形和高纺锤形等。所以树形整形不是一层不变的，而是处于不断完善变化之中。

　　近年，我国国力增强，人民生活水平显著提高，居住条件大为改善，从破旧的平房、筒子楼，住上了高楼大厦、别墅。人们高效工作之余有大量时间休闲度假，许多消费者有闲情逸致和业余爱好，对果树有浓厚兴趣，所以，观赏果树、观光园、宅旁园艺、盆栽艺术越来越受到人们关注。过去，机械人工形（按照人为设计的固定模式生长成形）曾是宫廷贵族的专有，现已为大众所拥有。

　　为了紧跟时代步伐，满足广大读者的迫切需要，笔者根据自己的经验积累，结合国内外果树整形技术，创绘了《中外果树树形展示与塑造》一书。该书内容包括：果树树形的作用和意义，选用树形的原则和依据，果树树形演变、现状与未来，果树树形定名与分类，稀植大冠树形、密植中小冠树形、机械人工形、宅旁园艺和盆栽树形等。全书共收纳近200种国内外新旧树形，绘制黑白线条图179幅，精选彩图100余幅，文图并茂、丰富多彩，各有所用。期望本书能为读者的生产、生活增添光彩，使读者通过应用新技术，快速增收致富。

由于笔者技术、经验有限，时间仓促，书中或有诸多不足和遗漏，万望业界同人、果树爱好者、广大果农朋友和院校师生不吝赐教、斧正，真诚感谢！

汪景彦

2018.1.1

目　录

第一章　观光园 农家乐 采摘园
　　　　公园 景区及庭院宅旁优
　　　　势树形展示

　　一、篱壁形、扇形 / 2
　　二、拱门形 / 8
　　三、盆景 / 10
　　四、其他 / 12

第二章　生产园优势树形展示

　　一、苹果树优势树形 / 16
　　二、梨树优势树形 / 20
　　三、葡萄优势树形 / 22
　　四、桃树优势树形 / 24

第三章　果树树形演进

　　一、果树整形的作用与意义 / 26
　　二、选用树形的原则和依据 / 29
　　三、果树树形演进、现状和
　　　　未来 / 31
　　四、果树树形的定名与分类 / 36

第四章　观光园及庭院宅旁树形
　　　　塑造

　　一、庭院篱壁形 / 39
　　二、扇形篱壁形 / 39

　　三、篱壁形 / 40
　　四、篱笆式整形 / 41
　　五、塔图拉双篱壁形 / 43
　　六、简单单干形 / 44
　　七、各种复杂单干形 / 47
　　八、T字形 / 52
　　九、蒙特列式扇形 / 54
　　十、马尔尚式整形 / 54
　　十一、盘（杯）状形 / 55
　　十二、德尔巴三交叉式整形 / 56
　　十三、勒伯热式整形 / 57
　　十四、布歇－托马斯式整形 / 58
　　十五、匍匐扇形 / 59
　　十六、无架形或简化支架形 / 60
　　十七、多种龙干形 / 61
　　十八、短梢灌木形 / 62
　　十九、长梢灌木形 / 62
　　二十、葡萄棚架规则形 / 62
　　二十一、棚架自由形 / 65
　　二十二、篱架规则形 / 67
　　二十三、篱架自由形 / 72
　　二十四、葡萄"高、宽、垂"
　　　　　　整形 / 73
　　二十五、葡萄高干双臂
　　　　　　单干形 / 75
　　二十六、猕猴桃一字形整形 / 76
　　二十七、宅旁园艺和
　　　　　　盆栽果树 / 77

第五章　生产园稀植大冠树形与
　　　　塑造方法

1

一、主干疏层形 / 90

二、十字形 / 95

三、变则主干形 / 96

四、麦肯齐式主干形 / 97

五、多主枝自然形 / 97

六、开心自然形 / 98

七、自然圆头形 / 99

八、多主枝丛状半圆形 / 100

九、层梯形 / 101

十、"5+4" 形 / 102

十一、槽式扇形变体 / 102

十二、塔形 / 102

十三、意大利扇形（斜主枝
棕榈叶扇形）/ 103

十四、垂直扇形 / 105

十五、三挺身形 / 107

十六、桃树三挺身形 / 107

十七、两主枝自然开心形 / 107

十八、三主枝自然开心形 / 108

十九、六主枝自然开心形 / 108

二十、桃树自然形、副梢扇形、
放射扇形和横 Y 形 / 109

二十一、二股四权形 / 109

二十二、Y 字形 / 112

第六章　生产园密植中小冠树形
与塑造方法

一、简易疏层形 / 114

二、小冠疏层形 / 114

三、小冠开心形 / 115

四、小骨架整形 / 123

五、主干形 / 123

六、自由纺锤形 / 137

七、改良式纺锤灌木形 / 140

八、小冠纺锤形 / 141

九、纺锤灌木形 / 141

十、矮灌木形 / 143

十一、矮圆锥形（或称
矮角锥形）/ 143

十二、圆柱形
（直立柱形）/ 144

十三、多曲柱形 / 146

十四、中心轴干形 / 147

十五、中心主干形 / 148

十六、比拉尔式整形 / 149

十七、各种金字塔形 / 150

十八、直线延伸扇形 / 151

十九、骨干多曲扇形 / 152

二十、扁纺锤形
（匈牙利扇形）/ 153

二十一、矮纺锤形 / 153

二十二、分层棕榈叶形 / 154

二十三、组合棕榈叶形 / 155

二十四、锹形树冠 / 155

二十五、折叠式扇形 / 156

二十六、水平台阶式扇形 / 157

二十七、弓式扇形 / 157

二十八、阶层式扇形 / 158

二十九、四主枝单层形 / 158

三十、斜十字形 / 160

三十一、双层披散形 / 160

三十二、林空式整形 / 160

三十三、半扁平树形 / 160

三十四、苹果自由扇形 / 162

三十五、李自由扇形 / 163

三十六、自由棕榈叶形 / 163

三十七、自由棕榈叶扇形 / 164

三十八、丛状形 / 164

三十九、无骨架形 / 165

第一章　观光园 农家乐 采摘园 公园 景区及庭院宅旁优势树形展示

　　根据生产或生活的需要，将不同种果树依据其生理特性，可塑造出千姿百态的树形。如观光园可将果树塑造成不同年龄段游客赏心悦目的树形，如情侣树形、长寿树形、富贵树形……

一、篱壁形、扇形

将枝条按篱壁架不同形式绑缚牢固，有多种格式和多种树形，点缀庭院，别有一番情趣。

图 1-1 苹果水平枝篱壁形

图 1-2 梨网格式篱壁形（1）

图 1-3 梨网格式篱壁形（2）

图 1-4 梨扇式水平枝篱壁形

图 1-5 海棠扇式水平枝篱壁形（1）

图 1-6 海棠水平枝篱壁形（2）

图 1-7 苹果水平枝篱壁形（1）

图 1-8 苹果水平枝篱壁形（2）

图 1-9 梨附墙水平枝篱壁形

图 1-10 苹果多层水平枝篱壁形

图 1-11 梨斜主枝扇式篱壁形

图 1-12 海棠斜生枝扇式篱壁形

图 1-13 苹果水平枝扇形

图 1-14 梨水平枝篱壁形

图 1-15 海棠斜生枝扇形

图 1-16 梨水平枝篱壁形

图 1-17 苹果水平枝篱壁形

图 1-18 苹果附墙水平枝篱壁形

图 1-19 苹果 U 字篱壁形

图 1-20 梨附壁式斜枝扇形

图 1-21 梨附壁式水平枝扇形

图 1-22 梨附壁式孔雀开屏形

图 1-23 海棠附壁式水平枝扇形（1）

图 1-24 海棠附壁式水平枝扇形（2）

图 1-25 苹果水平枝羽扇形

图 1-26 苹果主干附壁斜生形

图 1-27 葡萄篱架式栽培

图 1-28 苹果倒人字形墙架

图 1-29 梨双 U 字扇形

图 1-30 梨篱壁式水平枝扇形

图 1-31 梨折叠式扇形

二、拱门形

根据空间大小、高矮、做成不同高度、宽度的拱形架，将树体绑缚于拱架上，可以做成拱门架或拱廊等不同形状，叶幕层较薄，但能遮阴，别具一番情趣。

图 1-32 苹果拱门

图 1-33 苹果拱廊（1）

图 1-34 苹果拱廊（2）

图 1-35 梨拱门

图 1-36 苹果拱门

图 1-37 梨拱门

图 1-38 西洋梨拱门

图 1-39 梨高方形门

图 1-40 海棠门

图 1-41 苹果拱廊（1）

图 1-42 苹果拱廊（2）

三、盆景

盆景树体小，造形各异，移动方便，可点缀庭院、室内。无论是南方果树还是北方果树，凡可进行塑形的树种，环境条件适宜，均可做盆景栽培。

图 1-43 石榴盆栽

图 1-44 苹果盆栽（1）

图 1-45 苹果盆栽（2）

图 1-46 山楂盆栽

图 1-47 葡萄盆栽

图 1-48 盆栽海棠花

图 1-49 海棠盆栽

图 1-50 苹果盆栽

四、其他

根据树种特性和环境条件以及个人兴趣爱好，将树整成特异形状，别有情趣。

图 1-51 梨怒发冲天形

图 1-52 苹果圆帽形

图 1-53 苹果心形

图 1-54 梨盘状形

图 1-55 苹果高脚杯形

图 1-56 梨平棚网格架

图 1-57 梨平棚网格架

图 1-58 猕猴桃平棚

图 1-59 葡萄棚架长廊

图 1-60 葡萄棚下农家乐

第二章 生产园优势树形展示

苹果、梨、葡萄、桃是北方主要果树树种。苹果常年栽培面积在
3 800万亩、梨1 600万亩、葡萄1 200万亩、桃1 300万亩以上。近
年随着密植栽培的兴起，小冠树形应用较多，如高纺锤形、细长纺锤形、
主干形、松塔树形等。

一、苹果树优势树形

有主干形、松塔形、V字形、细长纺锤形等。各果区均可选择应用。

图2-1 苹果主干形

图2-2 新定植的苹果主干形整枝园

图2-3 苹果主干形密植园开花状

图 2-4 松塔树形烟富 8 单株结果状

图 2-5 密植矮化主干形

图 2-6 细长纺锤形寒富开花状

图 2-7 烟富 8 幼树松塔形

图 2-8 花牛苹果松塔树形

图 2-9 花牛苹果小冠疏层形

图 2-10 松塔树形红富士盛果期丰产状

图 2-11 松塔树形烟富 8 群体结果状

图 2-12 苹果 V 字形密植园结果状

图 2-13 松塔形红富士苹果树密植丰
产状

图 2-14 天水花牛苹果细长纺锤形丰产状

图 2-15 主干形苹果树拉枝开角

图 2-16 苹果主干形密植园丰产状

图 2-17 苹果老树更新开花状

图 2-18 苹果老树更新结果状

二、梨树优势树形

有主干形、V字形、柱形等，均适于密植栽培。

图 2-19 梨主干形密植园开花状

图 2-20 柱形梨树丰产状

图 2-21 柱形梨树丰产状

图 2-22 梨 V 字形

图 2-23 V 字形

图 2-24 梨树 V 字形整枝

图 2-25 梨老树更新开花状

图 2-26 梨 V 字形

图 2-27 梨树主干形结果状

三、葡萄优势树形

有 V 字形、T 字形、H 字形、龙干形等。

图 2-28 葡萄 V 字形整枝

图 2-29 葡萄 T 字形整枝

图 2-30 葡萄 T 字形整枝

图 2-31 葡萄 V 字形整枝钢制架

图 2-32 葡萄 T 字形整枝 V 形架面

图 2-33 葡萄 T 字形整枝结果状

图 2-34 葡萄 V 字形水平枝整形

图 2-35 葡萄 V 字形

图 2-36 葡萄试验园 H 字形整枝

图 2-37 巨玫瑰标准化栽培

图 2-38 葡萄独龙干倾斜小棚架

四、桃树优势树形

有 V 字形、主干形、各种开心形等。

图 2-39 刚定植的 1 年生大苗

图 2-40 桃树 V 字形开花状

图 2-41 主干形桃树 3 年生丰产状

图 2-42 3 年生主干形桃树丰产状

第三章　果树树形演进

　　果树树形最早均为自然形，随着生产的发展，相继出现人工形、人工自然形，为适应大面积生产，树体结构越来越简单，树冠体积越来越小，整形修剪越来越简化、省工，这是一种必然的趋势。

一、果树整形的作用与意义

果树树形最早都是自然形成的，如自然圆头形、灌丛形、多主枝自然形等。随着生产的发展和技术的进步，人们人为地将果树整成不同的形状，以符合生产与观赏的要求。果树整形是综合管理技术中一项至关重要的内容。它是通过运用灵活多样的修剪技术，将树冠的骨干枝或枝组按一定的程序或结构形式，使树冠轮廓都形成一定形状的过程。

（一）整形的作用

选用和整成良好的树形，果树便有了既牢固又分布合理的骨架结构。良好的树形，有助于提高果树负载能力，改善通风透光条件，增强树体的生理活性，协调生长结果关系，便于田间管理，从而达到早实、丰产、优质、高效的目的。

（二）整形的意义

1. 早实、丰产　在传统管理条件下，一些果树种类、品种开始结果较晚，一般 5 ～ 6 年才开始见花、结果，如甜樱桃、核桃等。尤其在稀植条件下，采用大冠树形（主干疏层形），为了尽快占领其营养面积和空间，栽后几年，常用短截法培养骨架，令其长旺条，迅速扩大树冠，同时，也截去梢头大量花芽，因此，树旺成花少，早期产量低，尤其在土、肥、水条件好的果园，表现更为突出。如过去十几年生的苹果树（国光），由于连年重截骨干枝，树旺成花少，株产只有几十千克，如今采用密植小冠树形，如不用定干的折叠式扇形，在同样条件下，栽后第一年就可见花果（苗木在圃内成花），2 ～ 3 年便有每亩（1 亩 ≈ 667m^2，后同）可观的产量，最高可达 1 000kg；再如在桃树上，过去稀植栽培，每亩栽 30 ～ 40 株，采用三主枝开心形，栽后 2 ～ 3 年，重剪三大主枝，剪留 40 ～ 50cm，基本上把中前部的果枝给剪掉了，所以，亩产量很低，一般在 50 ～ 60kg；如今，在高密条件下，亩栽 100 ～ 200 株，采用主干形整枝，栽后第二年，单株留 15 ～ 20 个长果枝，每个果枝结 3 ～ 4 个桃，亩产在 2 000 ～ 2 500kg，最高可达 4 500kg，创历史纪录。3 ～ 5 年生桃树，株留长果枝 20 个左右，中果枝 10 个左右。单株留果 100 ～ 130 个，按亩栽 150 ～ 200 株计，亩产可达 5 000 ～ 6 500kg，这样的产量在过去是不可想象的。

在圃内，利用果树多次抽枝的生长特性，进行整形，并促进成花，培养大苗，如进行营养钵育苗（3 年生大苗），栽后不出现缓苗期，并正常开花结果，当年便可亩产 500kg 以上。在原有树形基础上，让中心干和主枝弯曲延伸，其开张角度达 100°~120°，甚至将直立枝拉成朝地的垂帘式整枝，结果成串，树冠体积小且稳定。此外，通过相应的整形方式，拉开干枝比（主干粗度与主枝粗度之比），骨干枝间有一定的从属关系；同级次、同层间均能保持适宜的平衡关系，可以减轻修剪量，培养理想的枝组系统，既能早实丰产，又能延长丰产年限。

2. **优质、高效**　果实品质与树形有密切的关系。树冠高大、郁闭，特别是中下层的果实，每天受光达不到3小时，寄生性叶片多，光合产物少，果实可溶性固形物含量低，着色不好，贮藏性差；相反，树冠小，如松塔形、细长纺锤形树冠果实，因树冠小、光照好、无寄生叶，果实着色好，可溶性固形物含量高，风味浓，耐贮藏，硬度大。如河南省三门峡二仙坡苹果园，采用松塔树形，即使在较密栽植条件下，优质果率仍达到90%左右，单果售价维持在8~12元，亩纯收益在1.5万~2.0万元。在一般果园，随着树冠的不断扩大、叶幕层的加厚，果实品质自然下降，为此，要采用落头开心法降低树高、改善光照。如北京中日友好苹果观光园张文和老师，创造性地应用小冠开心形，主枝仅剩3~4个，树高在3m以下，培养稀疏的下垂枝组。果实品质明显改善，单果售价在5元以上，纯收益明显提高。在高温、高湿地区种植苹果、桃、葡萄，采用高干整形，树下通风透光，减少病害滋生，也有利于品质的提高。

3. **便于田间管理、提高工效**　多种乔化果树，任其自然生长，树高可达7~8m，最高可达30m。这样的高大树冠，使许多田间作业（采果、修剪、打药、疏花疏果等）倍感不便，工作效率很低，生产成本自然提高，纯收益下降。近年来提倡采用低矮树冠，冠幅窄、行间宽，便于人工和机械化作业，提高了工效。在当前劳力昂贵的情况下，更要采用机械化作业。如在国外，采用篱壁形或扇形，人站在采收平台车上采果，每人每天可采收4吨苹果，而我国乔化树大冠苹果树形，每人每天最多只能采收1吨苹果，劳动生产率只是国外的1/4。另外，国外苹果、梨、桃、葡萄等进行篱壁形整枝，采用圆盘锯式修剪机，将整个树行剪成一定的几何形状，每人每天驾驶一台修剪机，工作8小时，可剪50~60亩，果园采用大型高速弥雾机喷药，每分钟可喷1亩，而且省药、省水、省人工。其劳动生产率可比人工提高几倍甚至几十倍，每人可管理40~50亩甚至上百亩果树。陕西省千阳县海升集团6 000余亩现代化果园，几乎全部采用机械化管理，是矮密果园的典范。为了机械化作业和提高劳动生产率，矮化密植园，一般按行距4m、株距1~2m栽植，树形采用较矮小树形，高度不超过3.5m，行间作业道不小于1.5m，有利于机械通行和各项作业。

4. **适应不良生态条件** 在风多、风大地区，采用密植和矮小树形，可以减轻风害。在日本，为抗台风暴雨危害，梨树采用棚架整枝；矮砧苹果树或密植桃树，为防风吹，一般都采用主干形树形，并辅以支柱篱架；在日照少和温度不足的地区，如欧洲中、北部，桃树采用篱壁形，利用墙壁反射光，提高温度，以保证桃果品质和产量。在我国北部和西北各省区（吉林省以北、新疆维吾尔自治区），苹果、桃树等均采用匍匐形，冬季利于埋土防寒、安全越冬；在多雨高温的南方，葡萄采用高干避雨栽培，可以防病防高温；相反，在冷凉干燥的北方（东北、华北、西北），葡萄采用低矮小冠树形，便于冬季埋土越冬，实现经济栽培。在山地梯田的情况下，为操作方便，顺梯田走向，等高配置树行，苹果树可采用十字形树形，基部两个大主枝顺行分布，不影响行间行走作业；在土层瘠薄的山地，可以采用低干树形；相反，在土层深厚、土壤肥沃的平地，可以采用高干（1～1.2m）树形；在庭院栽培条件下，为兼顾观赏和食用，可将树冠整成某种机械人工形，如各类扇形、拱棚形等；为了充分利用北墙的光和热，可顺墙面摆布苹果、梨树枝条进行平面整枝，既能降低夏季墙温，又能促进果实早熟（7～10天）。在盆栽条件下，根据树种和花盆大小，采用相宜的盆栽树形，如扇形、披发形、龙干形、漏斗形等。

总之，因各地生态条件千差万别，经济、技术水平不同，采用的树形也应因地制宜、丰富多彩。

5. **适于不同树种、品种** 果树树种、品种不同，其生长、结果特性差异较大，选用的树形也各具特色。乔砧普通型苹果树，生长旺，树体大，多采用大、中型树冠，如主干疏层形、小冠疏层形、十字形等；乔砧短枝型苹果树生长势中等，应采用中等树冠，如自由纺锤形、改良纺锤形等；矮砧—普通型品种组合可用细长纺锤形、自由纺锤形；矮砧—短枝型组合，采用矮纺锤形、高纺锤形、松塔树形等。

桃树树体小，寿命短，喜光性强，多用开心形、篱壁形，近年始用主干形。

葡萄为蔓性果树，多用篱架、棚架栽培。一些耐粗放栽培的树种，如柿、杏、核桃、栗树等，多采用多主枝自然形或自然圆头形。有些树种长不高，如树莓、蓝莓等，多采用灌丛形。

二、选用树形的原则和依据

（一）选用树形的原则

☞ 能在一定时期内充分占据给予它的土壤营养面积和空间，以利吸收营养和光能，最大效率地发挥其生产潜力。

☞ 要求的树冠大小，与其砧—穗组合的生长势相适应，使之保持相对稳定的群体密度。

☞ 树冠通风透光，叶片光合能力强，无寄生区，光合产物积累多，树势强壮。

☞ 果树既能早实丰产，又能优质、稳产、壮树，经济寿命长，经济效益高。

☞ 整形简而易行，保持容易，管理省工，降低人工成本。

☞ 适应不良的生态环境，如风害、霜害等。

☞ 满足经营者的愿望和要求，如早期收回投资或适于观赏、美化，构成当地亮点，更好地点缀生活。

（二）选用树形的依据

1. 尽可能符合果树的特性 果树种类多种多样，其生物学特性各异，所用树形迥然不同。如葡萄、猕猴桃为蔓性果树，需攀爬延伸，最宜选定各种棚架或篱架整枝。醋栗、树莓、蓝莓等株体矮小，最宜选用丛生灌木形。桃树喜光性强，宜用各种自然开心形或杯状形、盘状形。苹果、梨、山楂等乔化树种，在稀植条件下，宜用疏层形（主干疏层形、小冠疏层形等）；而在密植条件下，宜用各种小冠树形（各种纺锤形、扇形等）。柑橘类中的温州蜜柑或其他宽皮橘类，常从主干下部分生出大的强枝，区分不出明显的主干、主枝，最宜选用自然圆头形或自然开心形。在整形过程中，必须根据果树树种的具体特性，塑造出相宜的树形，做到"有形不死，随树造形"，才能取得令人满意的效果。

同一树种中，品种特性差别悬殊，应分别对待。如苹果的乔砧—普通形＋无病毒砧穗组合，生长势特强，一般应选用大中冠树形（主干疏层形、小冠疏层形或小冠开心形），而矮砧—短枝型品种砧穗组合，其生长势弱，树冠小，宜选用各种小冠树形（矮纺锤形、高纺锤形、松塔树形）。有些苹果品种，如红富士普通型品种，发枝多、枝条长，树冠密，宜用骨干枝少、级次低的树形；而发枝少、树冠稀的品种，宜用骨干枝多、级次高的树形，如自由纺锤形等。另外，有些品种，枝条软，下垂生长，宜用高干（>1m）树形；反之，枝条硬，角度小，直立生长，则宜用低干树形。在采用矮化中间砧和自根砧的情况下，依砧穗组合综合生长势的矮化程度，可分别选用中小型树形，如矮砧上的短枝型（红富士系列和元帅系列）最适于应用各种纺锤形，半矮化砧上的普通型红富士，则宜选用中等树形，如小冠疏层形、小冠开心形、改良纺锤形等。

2. 有利于早实丰产和优质　园主种植果树追求的根本目的是早实丰产、优质高效、降低生产成本、增加纯收益。一般栽后前几年属于投资阶段，在果农经济基础差的条件下，都盼望早收回投资。2013年，笔者去山东省青州市考察映霜红桃，觉得该品种晚熟（11月上旬），坐果好，果个大，产量高，甜度好，可在适当地区发展，就介绍给当地一位桃农，他购买了10 000株苗，由于受传统技术影响，按自然开心形设计，一是亩栽株数少，二是短截重（为造形），留花少，2年生桃树结果寥寥，亩产只有几十千克，虽然该品种市场售价为每千克12元，但总收入太少。而在河北省遵化市，一位不懂桃树种植管理技术的果农，在技术员指导下，采用主干形整枝，亩栽200株，2年生树株产25kg左右，亩产4 500~5 000kg。按当时售价，每千克桃可售5～6元，效益十分可观。以上两个事例说明，选用树形是关键，桃树自然开心形可长成大树冠（三大主枝，树高可达3～4m，冠径可达4～5m），早期为形成坚强骨架，前2～3年，重截留长40～50cm，留结果枝很少，结果不多；可是采用主干形，第一年，除在生长季对竞争梢摘心外，其余新梢不动，8～9月拉枝到位，形成10～20个长果枝，这些长果枝任其长放，花芽质量好，每枝可结3～6个硕大果实，所以亩产量较高。这种主干形塑造方法在各地开始兴起，受到业界专家和果农的青睐。

在追求优质方面，树形也起到一定作用。十几年前，红富士苹果树，尤其乔砧＋无病毒＋普通型，采用小冠疏层形整枝，由于层次多达3～4层，枝多，枝条长，树冠郁闭，同时，采用密植体制，株、行间交接，群体密不透风，苹果着色很差，优质果率（着色度低于60%）不足50%。所以，树形逐渐改为小冠开心形，留下2～4个主枝，树冠光照大为改善，优质果率提高到80%～90%。

3. 适应当地环境条件　不同的生态、栽培条件下，应选用不同的树形。在高温高湿地区，果树生长旺盛，树冠高大，宜选用高大树形；反之，在冷凉干燥的山地（如西北黄土高原），果树生长中庸、偏弱，树冠敦实、紧凑，则宜选用中小冠树形。台风、大风多的地区，为避风害，应选用低干、矮冠树形；

在中北部果区，为避免冻害，宜将树干提高到1m以上，如2015～2016年，河北省遵化市、唐山市丰润区一带，离地面0.9～1.0m处，花芽严重受冻，使当年产量损失40%～70%。在栽培技术水平高、土肥水条件好的地区，宜用较大树形；反之，则宜用较小树形。在有果粮、果菜间作习惯的地区，果树可以充分发展，宜用大冠树形。在机械化水平高的果园，可利用高干和梯形树冠。总之，应因地制宜、灵活地选择和确定树形。

4. 有利于提高果园的经济效益　选择树形是个复杂的问题，应综合考虑许多因素，如当地气候、土壤肥力、水资源等条件，园主的投资能力、劳力资源、机械化水平、市场销售、道路、交通状况等。特别要注意的是当前劳力难求、工价居高的情况。目前，日工价在100～200元，生产成本越来越高，据调查，大城市郊区每生产1千克苹果的成本在2.5～4元，一般果区在2元左右。每个园主都必须考虑果园各个环节用工问题，单就树形（树高、干高、冠幅等）问题，就涉及整形修剪、疏花、疏果、套袋、打药、采果等作业难易。我国许多苹果园亩用工量在20～25个，其中疏花、疏果要占20%左右，套袋、摘袋占20%～25%，修剪占15%～20%，打药占20%左右，清园占5%左右，施肥占10%左右。由于树冠高大，操作不便，如树高超过3m时，需要登梯上树修剪，费时费力，亩多用工1～2个；另外疏花、疏果用工也会增加2～3个；套袋、摘袋要多用工3~4个。在我国每人每天套袋2 000个左右，高者达3 000个；在日本一般每人每天套5 000个，快手工作10小时可套10 000个，劳动效率相差很大。在整形时，先进生产国，用圆盘式修剪机，将树行剪成一定的几何形状，上部剃平头，虽然还需辅以少量的人工整修，但必定减少了大量劳力；也有的站在行间平台车上剪树，生产效率也比站在地上要高得多。总之，树形选择好，可以减少果园用工，降低成本，增加果园纯收益。

三、果树树形演进、现状和未来

（一）树形演进

果树整形修剪，同其他事物一样，有其自身的发生、演变的历史，从来不是孤立、静止和永恒不变的。它是随着生产的发展、科学技术的进步、社会经济条件的改善和市场要求的改变而处于不断革新演变之中。一种好的整形修剪方法，只能在特定的历史、生态和栽培条件下，产生积极的效果，而不能在任何条件下都起到同样良好的作用和效果。时代和条件变了，整形修剪方法也应随之而变。

亚洲和欧洲都是世界果树起源、发展的重要地区，栽培历史悠久、经验丰富、技术领先。追溯果树的发展史，在17世纪以前，果树栽培相当原始、粗放，一般不搞整形修剪。树冠成为放任的自然圆头形，密不通风、透光差，果实产量低、品质差。公元前3世纪左右，欧洲开始种植矮生果树，作为庭园树木，点缀观赏。11世纪至13世纪，中国重视杏、石榴和苹果等矮生果树类型培育，矮生果树获得迅速发展。长期以来，培养观赏的苹果、桃、杏等矮化果树成为中国文化艺术的特征。以前，由于社会需求少，加上运输不便、加工贮藏技术落后，许多果树只集中于城郊和庭园中栽培，以满足封建贵族、教堂、地主等少数富贵之人享用。17世纪中期至20世纪，中外各国庭院果树已由放任生长阶段转入蓬勃发展的塑形新时期。在果树技术已经相当发达的情况下，利用矮砧果树或矮化品种，把树冠整成形式多样的机械人工形，以点缀皇室、公园、地主庄园，已成为现实。如巴黎著名的凡尔赛宫就有一座为路易十四皇帝建造的果园，园内种植了苹果、梨、樱桃、杏、无花果、李、草莓等果树。为了审美的需要，把树整成各式扇形、圆锥形、单干形、树篱形（图3-1）等，而枝条多用重短截（三芽剪，冬夏进行），使结果部位紧靠骨干枝，有助于防风、观赏。同时，对有些果树要求温度较高、

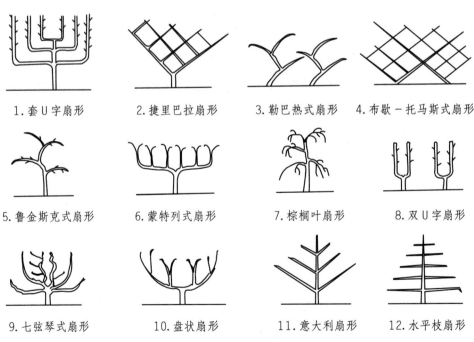

1. 套U字扇形　　2. 捷里巴拉扇形　　3. 勒巴热式扇形　　4. 布歇－托马斯式扇形

5. 鲁金斯克式扇形　　6. 蒙特列式扇形　　7. 棕榈叶扇形　　8. 双U字扇形

9. 七弦琴式扇形　　10. 盘状扇形　　11. 意大利扇形　　12. 水平枝扇形

图3-1　多种多样的扇形

但热量不足地区，借用支柱、墙壁增温来提高果实品质，通常采用 U 字形和双枝水平单干形，用于观赏的还有古典的羽状圆锥形和高杯形（图 3-2）等。这类树形，18 世纪在欧洲庭院果树上发展很快，它不追求高产，只求形美、果大、色好、质佳。1880~1890 年，机械人工形果树栽培达极盛时期。但采用此类树形和修剪方法，果树株产和单位面积产量低，同时，需要昂贵的支柱篱架、墙壁和大量熟练而有经验的技术工人，因此，导致生产成本高，方法难于推广应用，更不适于大面积经济栽培。

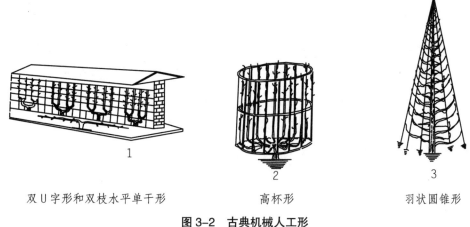

1　　　　　　　　2　　　　　　　　3

双 U 字形和双枝水平单干形　　　　高杯形　　　　羽状圆锥形

图 3-2　古典机械人工形

19 世纪末期以来，随着产业革命的兴起，资本主义的发展，交通运输、贮藏条件的改善，人们迫切要求果树生产实行商品化、规模化经济栽培，并力求减少用工和投资，提高劳动生产率，降低成本，及早收回生产投资，提高纯收益。于是，原来流行的管理费工、产量低、成本高的机械人工形及其相应的细致修剪方法，逐渐被淘汰，以适于大面积生产，便于管理，提高产量。

人工自然形，如自然开心形、主干疏层形、变则主干形或十字形等。这类树形构成高大的圆头形树冠，虽然在整形阶段，产量上升较慢，但到中后期，产量却相当高。其优点是不需繁杂的手工操作，投资较少，利于机械人工作业，为大面积商品生产创造了适宜条件。我国 20 世纪 50 至 80 年代，这种大冠树形（主干疏层形为主）是生产上应用的主导树形。后来随着苹果、梨密植的兴起，开始出现中小冠树形，如小冠疏层形、自由纺锤形、细长纺锤形等；20 世纪 70 年代后期至今，国内外矮化砧、短枝型品种的出现，矮化、双矮不断扩大，现已成为主要趋势，相随又出现更小的树形，如细长纺锤形、高纺锤形、松塔树形等。这充分显示出树形由单一向多样化发展，由结构复杂向结构简单、由高大圆向矮小扁方向发展，骨干枝由多变少（甚至到零）、由长变短，层次由高变低，为缩小树冠、改变通风透光条件、简化整形程序和缩短整形年限以及简化整形技术奠定了可靠基础。

（二）矮化密植树形特点

当前果树栽培已进入矮密栽培时代，栽植行距多为 3～4m，株距在0.7～2.5m，亩栽 66～220 株，在如此密度下，只能用适于矮化密植的小冠树形，这些小冠树形的共同特点是：

1. 树体矮、骨架小，便于机械和人工操作　要求树高不超过行距（2.5～3.5m），行间射影角＜49°（行间射影角为邻行树顶到本行冠基连线与水平面的夹角，确保树冠下部果实每天有 3 小时的直射光照射），冠径不超过株距，一般冠幅和叶幕层厚度在 2m 左右，所用树形有各种纺锤形、圆柱形、主干形、直立单干形及扁平形小树形（各类扇形、篱壁形等）。

2. 骨干枝少　骨干枝数量少（多为 3～5 个），有的只有中央领导干（不留主、侧枝，只留各类枝组），如主干形、松塔树形、高纺锤形等；有的层次少（1～2层），小冠开心形只留 1～2 层主枝。三主枝自然开心形、三挺身形等只有 1 层主枝。

3. 骨干枝弯曲延伸　骨干枝（中央领导干或主枝）弯曲延伸，有利于控制上强下弱、促进树势稳定、结果平衡、提高果品质量。

4. 树与树连成墙　树体向株间发展，连成树墙，形成良好的群体结构，行间留出 1.5～2.0m 的作业道，以利于光照和田间作业。

5. 利于机械化管理　在机械化程度高的密植园，采用行间平台或修剪机剪树，树行作为一个整体，形成一定的几何图形（梯形、三角形或篱壁式树冠），修剪容易，工作效率高。

6. 成形快　过去，大冠树要 5～6 年才能完成整形，如今采用主干形，2～3年即可完成整形任务。如桃树主干形，栽植当年树高可达 1.5～2.0m，第二年即达要求树高 2.8m，第三年就要注意控高了，否则因顶端优势，会造成下层枝枯死。苹果树栽后第一年定干（营养钵苗可不定干），松塔形 2～3 年可达预定高度，3～4 年即可完成整形任务。

（三）树形发展趋势

1. 展现多样化的特点　树种不同，整形方式大不相同；栽植方式、密度、品种不同，树形也应该有所区别。纵观今后发展，树形选用具有多样化的特点。

第一，大面积生产园一般沿用中小冠树形，如小冠疏层形、小冠开心形、细长纺锤形等。

第二，矮化密植园多用细长纺锤形、松塔树形和高纺锤形。

第三，观光果园树形多种多样，至少应在10种以上，如各种纺锤形、各种扇形、开心形、盘形等。有条件的还可建立拱棚架、篱壁架等，进行拱形或篱壁式整枝，以达到景观新颖、别具一格的效果。

2. 选育柱形品种　如芭蕾系列苹果，在中央领导干上形成短果枝结果，侧生大枝很少，适于高密栽植，几乎不需要整形修剪。

3. 主干形整枝会得到重视　主干形将来会成为主要树形，苹果、桃树上已有成功样板，尤其适合矮密果园发展。因为这种树形结构简单，整形省工，光照好，早实丰产快，经济效益高，管理简便，更适于机械化。

4. 机械人工形会有所发展　随着人民生活水平的提高，别墅区的增加，宅旁果树会迅速发展起来，为了美化、绿化、点缀环境，机械人工形树形会相应得到应用。

5. 更适于机械化的树形会出现　据有关报道，有一种最新的"二层楼"和"豆腐块"式的整形方式，用跨行式修剪机或综合管理机，进行整形修剪，其他管理也完全是用机械来完成，这种管理机兼行施肥、打药（能回收从树上滴下的药滴，既不浪费农药，又不污染土壤）、撒除草剂、中耕、碎枝、采收等，目前，还处于小规模试验阶段，其优点是受光面大，土地利用率高，最适于机械化采收，上层果实着色好，可供鲜食，下层果实着色差，可供加工。二层楼式的树形，外表像细高的圆锥形，两层间有段间隔距离，以利于分别采收上下两层果实。

随着科学的发展和技术的进步，可能选出自根的，几乎不需特殊整形的更优良品种，如用枝条直接扦插于定植穴并能直立生长结果的短枝型品种，既省人力，又省机械化管理，还有良好的品质、效益。再如烟台市现代果业科学研究院已选出神富6号，又叫"懒富"即懒汉富士，该品种不需人工拉枝，自然生长，结果良好，不铺银色农膜反光，也能着色良好，而且优质、高产，深受用户欢迎。

总之，当前果树树形正处于深刻变革阶段，一些新的整形修剪方法，将伴随栽培现代化、集约化而陆续用于生产。我们应认真总结国内外的先进经验，深入探讨整形理论和技术，提出更新、更完善的塑造方法，推动果业的发展。

四、果树树形的定名与分类

（一）树形的定名

果树树种、品种成千上万，树形千姿百态，应有尽有，各具特点，各有所用。据国内外资料，果树树形有100余种，它们在生产和生活中均起到了一定的作用。长期以来，对树形的定名，尚无统一提法和准确规定。

1. **根据发源地定名**　如意大利扇形、匈牙利扇形、南斯拉夫扇形、乌克兰扇形、哈尔科夫扇形、克里米亚扇形、捷克扇形等。

2. **根据创始人的名字定名**　如勒帕热扇形、鲁金斯克扇形、蒙特列式扇形、布歇—托马斯扇形、维立叶（套U字形）扇形等。

3. **根据树冠的外形定名**　如金字塔形、纺锤形、圆柱形、圆锥形、单U字形、双U字形、灯架式扇形、七弦琴扇形、Y字形、V字形、棕榈叶形、棚架形、漏斗架形、篱架形、自然圆头形、多主枝开心圆头形、丛状形、杯状形、自然杯状形、开心形（两主枝、三主枝、六主枝）和自然形、圆盘形、阶层式扇形、折叠式扇形、弓式扇形、多曲柱形、骨干多曲扇形等。

4. **根据群体结构定名**　如树篱形、篱壁形、网架形等。

5. **根据树体基本结构定名**　如四大主枝（多主枝）十字形、多中心干形、主干疏层形、主干形、单干形、变则主干形、双层形、单层形、多主枝自然形、四层篱壁形、四层斜枝篱壁形、双倾斜形、双臂水平形、四主枝水平形等。

（二）树形的分类

按树体形成过程、结构、加工程度，可将树形分成不同类群，但基本上可分为两大类，即人工自然形和机械人工形。

1. **人工自然形**　按树体不过分人为干预的自然形成过程，这类树形又可因有无中央领导干而分为两类：

（1）有中央领导干

1）有层形　主干疏层形、小冠疏层形、小冠开心形、双层形、单层形、十字形、主干形、锹形、塔形、斜十字形、麦肯齐式多干形、多中心干形、"5+4"形、直线延伸扇形、骨干多曲扇形等。

2）无层形　主干形、变则主干形、比拉尔形、中心轴干形、中心主干形、圆柱形、细长纺锤形、自由纺锤形、小冠纺锤形、多曲柱形、矮圆锥形、领导干形、自然形、无架形。

（2）无中央领导干

1）开心形　三挺身形、杯状形、自然杯状形、开心形、自然开心形（两主枝、三主枝、六主枝）、二股四杈形、Y 字形、槽式扇形变体。

2）闭心形　多主枝自然形、自然圆头形、主枝开心圆头形、多主枝丛状半圆形。

2. 机械人工形　这类树形也较丰富，可分为扁平形、平面形和立体形 3 种。

（1）扁平形　这类树形又分为树篱形和篱架形 2 种。

1）树篱形　如意大利扇形、自由扇形、自由篱壁形、自由棕榈叶形、蒙特列式扇形、勒帕热式扇形、扁纺锤形、阶层式扇形、分层棕榈叶形、组合棕榈叶形、阶层式扇形、水平台阶式扇形、弓式扇形、折叠式扇形。

2）篱架形　高宽垂整形、直立单干形、垂直单干形、水平单干形、聂奋形、三线水槽形、自然扇面形、半扇面形、自由水平分层形、单方自由水平分层形、高干双臂单干形、双层棚篱形、各种棕榈叶形、双臂水平单干形、双枝倾斜单干形、网格形、塔图拉形、各种 U 字形、斜主枝扇形、水平枝扇形、四层篱壁形、四层斜枝篱壁形、露地篱壁形、布歇—托马斯扇形、马尔尚式扇形、扇形篱壁形、德尔巴三交叉形、篱壁形、篱笆式整形、柯受内形等。

（2）平面形　这类树形又分棚架形和匍匐形两种。

1）棚架形　双蔓一字形、H 字形、长梢 H 字形、双方四分叉形、单蔓一字形、单方二分叉形、平行主蔓形、扇面形、圆架漏斗形、大圆架形、X 字形、V 字形。

2）匍匐形　有扇形、圆盘形 2 种。

（3）立体形　有纺锤灌木形、纺锤形、金字塔形 3 种。

第四章 观光园及庭院宅旁树形塑造

随着人们生活水平提高和居住条件的改善，旅游观光园、宅旁园艺越来越受到重视，果树树形如各种篱壁形、拱门形、单干形、V字形、廊架形等应有尽有。点缀环境，实用美观，人们不但可时时品尝应季水果，而且在节假日及茶余饭后，还可在观光园或居家之房前屋后欣赏优美树形，修身养性，好不心旷神怡。

观光园常用树形很多，请参看彩图1-1至彩图2-49。

一、庭院篱壁形

大面积苹果和梨树已成功地采用该树形栽培，篱架高1.5m，拉2～6道铁丝，前者在91cm和150cm处；后者逐年在60cm、90cm、120cm和150cm处各拉一道铁丝（彩图1-1～1-60）。

行距3.0～4.5m，株距1.8～3.0m。可依生长条件、土壤肥力、机械化程度高低等而定。苹果砧木可用M9；梨用榅桲A，其株行距为3m×3.6m。

选择高度在1.5m以上的健壮1年生苗或有一个强壮的中央领导枝的健壮2年生苗定植。虽然2年生苗结果较早，但1年生苗好管理。侧枝约留2芽短截，领导枝在最上面的一道铁丝处截头。其余侧枝全部除去。将果枝绑在4道铁丝中的至少两道上。

在栽植壮苗和良好管理条件下，可选留8个分枝，每边4个，松松地绑在铁丝上。枝条不一定要刚好齐铁丝发出。当侧枝延长时，将其靠近梢头处，用木制弹簧衣夹夹紧，第二年以后，主干就不需要绑缚了。

冬剪时，疏除无用侧枝和细弱短枝，当枝条达到所需长度时，每年对1年生枝留8个芽短截。不进行夏季修剪。

如果定植距离够大，可沿每道铁丝培养一个第二侧枝。旺长品种在株间要伸展3～3.6m，生长较弱或短枝型品种要伸展1.8～2.4m。但应指出，一些顶端结果和枝条细长的品种（如瑞光）不如短枝型品种。金冠和新红星非常适应这种树形。在株行距2.1m×3.6m的栽植距离下，亩产可达2 000～4 000kg（图4-1）。

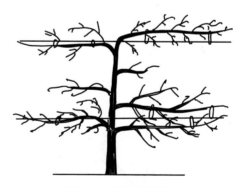

图4-1　露地篱壁形

二、扇形篱壁形

扇形篱壁形分有中央领导干扇形和无中央领导干扇形两种。

（一）有中央领导干扇形篱壁形

定植后，定干高度为75cm，留中央领导干，两侧留两个侧生主枝，其间距为15cm。当两侧生主枝长到50cm时，用支柱和绳子将其角度整成

55° ～ 60° ，同时，在中央领导干旁立支柱，以辅助其直立生长。

第二年，用铁丝将两侧生主枝角度拉到70° ～ 90° 。待整形完成后，再将两侧生主枝角度缩小到50° ～ 60° 。在中央领导干上配置3 ～ 4层大、中型枝组，每层枝组2 ～ 4个，共8 ～ 10个。枝组间距35 ～ 50cm。在侧生主枝上，以中、小枝组为主，中型枝组间距25 ～ 30cm，小枝组插空生长。

注意不让中央领导干上的枝组与侧生主枝重叠，各类枝组要交互排列、斜向延伸，不留直立与横生枝组，树形完成后，树高为2.5 ～ 3m（图4-2）。

（二）无中央领导干扇形篱壁形

这种扇形又分两种。一种是在有中央领导干扇形整枝时，只选基部两主枝，去除中央领导干。这种树形整形简单，光照较好，适合密植，但枝量少，株产不高。另一种扇形是篱笆形，适合庭院栽植。

整形修剪方法 苗木栽后，定干高度为60cm。当年选两个生长良好的枝，这两个枝离地面23 ～ 30cm。当长到45cm时，用支柱绑缚，开张角度达到45°左右，强枝角度大些，弱枝角度小些。第二年冬，剪留30 ～ 45cm；夏季，每边选出4个新梢，上面两个，下面两个。第三年冬，留长40cm，同时绑缚在铁丝上，形成扇形树冠（图4-3）。

三、篱壁形

篱壁形属于扁平小冠树形。其中有用篱架和无篱架两种。

（一）用篱架

根据树体大小，可设3 ～ 4道铁丝篱架，以便绑缚主枝和枝条。支柱长度为280cm，下部80cm埋入地下。在支柱上，由地面起，每50cm拉一道铁丝。定

图4-2　有中央领导干扇形篱壁形

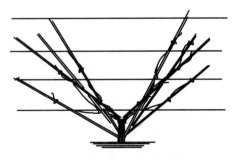

图4-3　无中央领导干扇形篱壁形

植后第一年，树体尚小，任其自由生长，不加绑缚。从第二年起，开始拉枝整形。在第一道铁丝的高度上，选留顺行向分布的 4 个大侧枝（每边 2 个，对生），分别拉到水平状态，固定于铁丝上。如果暂无篱架，可于主干两边（株间、冠下）各插一带钩的粗铁条或木桩，然后用绳子或撕裂膜等，将侧生分枝也分别拉到水平状态，如有第二层侧枝，也用同法拉平。而对于伸向行间的枝，不能拉弯改造者，则疏除之。在只有第一层侧生枝时，对中央领导干的延长枝，应在高于第二道铁丝 10cm 左右下剪，使其剪口下抽生位置合适的第二层侧生枝，在第二道铁丝上下，两边各顺行留两个水平侧生枝，以后在第三、第四道铁丝上做法同前。当形成第四道（最上一层）铁丝上的侧生枝时，将中央领导干头也拉弯成水平状态。这样，全树便有 16 ～ 17 个顺行分布的侧生分枝，余者疏除或控制。但对中、小枝组可任其生长，以利于提早结果。树高维持在 2 ～ 3m。树墙厚度保持在 1 ～ 1.2m。为了改善篱壁树冠下部光照，应注意及时疏除树墙上的直立枝、徒长枝，以利于果实着色和花芽形成（图 4-4）。这种树形在波兰果树花卉研究所各试验场站广泛应用，尤以新红星等短枝型品种表现最好。

（二）无篱架

可称自由篱壁式整形。全树留永久性的水平主枝 7 ～ 8 个，分三层排列，每层两个，顺行对生。幼树期间，用拉枝法把各层枝分别顺行拉到水平状态，每层相距 50cm 左右。早期的侧生枝数量可能多些（包括临时性侧枝），随树冠扩大和加厚，逐渐疏去伸向行间和层间的密生枝，至盛果期，基本保留 7 ～ 8 个水平主枝。最后一层将中央领导干也弯成水平或做成"双劈杈"形式。成形后，树高 2.5 ～ 3.0m，厚度在 1.5 ～ 2.5m。由于树体结构简单，造形容易，尤其适于生长势较强的砧 - 穗组合（图 4-5）。

四、篱笆式整形

（一）树体结构

干高 60cm 左右，树高 3m 左右，有主枝，但无明显侧枝。每层两个主枝，顺行对生，基角 50° ～ 60°。各层间留 2 ～ 4 个辅养枝。层间距 70cm 左右，最大为 1m。第三层以上中央领导干高 50cm 左右，上留 2 ～ 3 个辅养枝，以缓和树势，并能防止日灼，一般 1 ～ 2 年选留 1 层，5 ～ 6 年成形。此树形需水泥杆和铁丝支架。水泥杆间距为 10 ～ 15m，拉 3 道铁丝，第一道距地面 1.2m，第二、第三道间距均为 100cm（图 4-6）。

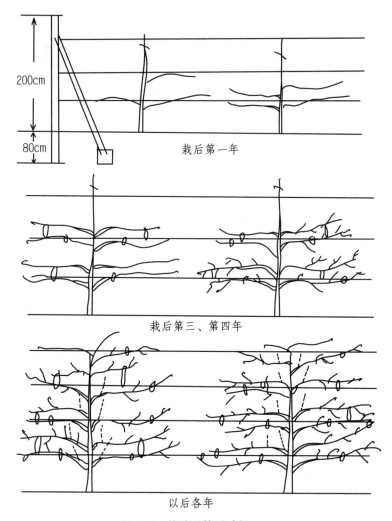

200cm

80cm

栽后第一年

栽后第三、第四年

以后各年

图 4-4 篱壁形整形过程

图 4-5 自由篱壁形

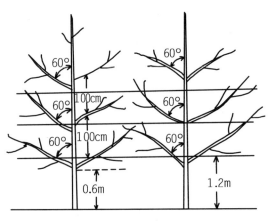

图 4-6 篱笆式整形

（二）塑造方法

采用轻剪长放，仅疏除内膛交叉枝和过密枝。主枝延长头一般不剪或轻剪（以弱枝带头）。主枝上直接着生枝组，结果后注意更新。

这种树形的栽植密度因砧木而定：以 M2、M4 为砧木者，株行距一般为 3.5m×4.0m；以 M9 和 MM106 为砧木者，株行距则为（1.5～2.0）m×4.0m 或更小些。

五、塔图拉双篱壁形

该形与其说是一种树形，不如说基本上是果园集约管理的新体系。其修剪采收过程全部实行机械化。

在南北行上，树冠由低干上邻近分布的两个主枝组成。枝朝向行间，呈 60°～70°，一东一西。因此树冠乃呈 4m 高左右 V 字形单干，株距 2m 左右（图 4-7）。

这种树形果园每公顷栽 2 000～2 200 株。每株树仅留两个大枝，呈 V 字形敞口双篱壁树冠，可保证树冠上、下光照良好，同时，叶片、果和果枝在主枝上分布均匀。

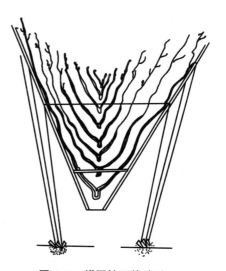

图 4-7　塔图拉双篱壁形

前几年的果园管理目标是使树冠尽快达到该树形规定的最大体积。夏季修剪着重调节树冠密度、高度和光照状况，冬剪调整果枝负载量。

采用塔图拉双篱壁形整枝的桃园，栽后 3 年结果并达到了高产。除桃树外，梨、苹果、杏、李和甜橙也可用此树形。

原苏联的克拉斯诺库茨克园艺试验站从 1970 年开始，研究 V 字形树冠，栽植方式为 7m×2m 的无支柱实生砧苹果园，栽后第五年结果，结果的前 5 年平均产量是：旭 7 490kg/hm²，白雪·加勒维 10 030 kg/hm²。

但这种树形的缺点是：在实生砧上，主枝仅留 2～3 个，新梢旺长，尤其 6～8 年生时，为解决光照，不得不重疏，从而减产和削弱树势。若把主枝减少到两个，必须用增加行上和单位面积株数来弥补。但株间近到 2～3m，易造成光照状况的恶化。

六、简单单干形

该树形只有 1 个中央领导干，有垂直、倾斜和水平 3 种状态。没有其他骨干枝，结果枝直接着生在领导干上（图 4-8）。

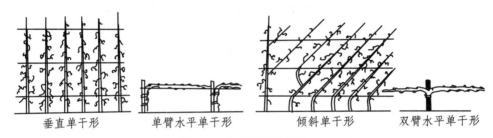

| 垂直单干形 | 单臂水平单干形 | 倾斜单干形 | 双臂水平单干形 |

图 4-8　各种简单单干形

在矮砧上发育弱的品种最适于该形，应栽在较为有利的条件下，因为它易发弱梢，结果枝长仅几厘米。

在各种树冠塑造方法中，首先应该采用限制侧梢长、粗生长，同时加强成花的措施。

（一）垂直单干形

平均树高 2m，株距 40 ~ 60cm（图 4-9）。

1. **第一年修剪**　栽后定干高度为 40cm，大多数幼树在剪口下有几个弱芽。可发出 3 ~ 4 个新梢，下部新梢作结果处理，最上部新梢任其生长，但在第一次和以后修剪时，对顶梢总是留段小桩，这对培养直立树冠非常重要。将延长梢绑到小桩上，至下年冬季前任其生长。

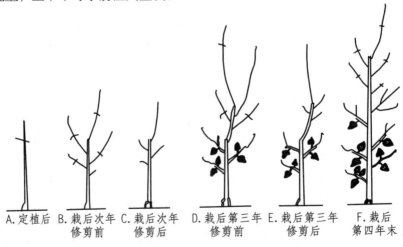

A. 定植后　B. 栽后次年修剪前　C. 栽后次年修剪后　D. 栽后第三年修剪前　E. 栽后第三年修剪后　F. 栽后第四年末

图 4-9　垂直单干形

2. 第二年修剪　在延长梢对面，去年剪口芽上选留 2.5cm 长的短桩和剪截新梢。顶梢再剪留一半。若不剪顶梢，则顶芽将对基芽有抑制发育的影响，外形上看，单干形有层次，每层 4 或 5 个结果枝，间距不大。对延长枝的修剪，根据当年梢量决定轻重。应疏剪密生枝；对于永久性芽，依其位置采用芽上或芽下的刻伤法，以缓解或抑制其发育；除延长梢外，所有新梢都应剪截，以加强果枝的发育。

3. 第三年及以后各年修剪　树高每年增加 30～40cm，5～6 年成形，树冠下部结果早些。为控制上强，下部结果枝可留得长些。为促进其结果应行轻剪。以后延长梢剪截也要比以前轻些。可通过修剪、拉枝等增枝法来促进下部枝条的生长。

4. 该树形的最大缺点　上部徒长，下部秃裸。为此，要在将来修剪部位以上进行摘心。但常常是促新梢旺长，影响成花结果。

（二）倾斜单干形

该形有 30cm 左右高的垂直干和倾斜绑缚的枝，倾角 30°～60°。用中间砧，倾斜干间距 60cm。格子间距 85cm，可倾斜 45°。随倾斜角减小，结果面增加。在倾斜角 30° 时，结果量增加 1 倍。格子高 2m 时，倾斜树干有 4m 长。倾斜 45° 和格子高 2m 时，倾斜树干有 3m 长。生长快的品种不适合垂直单干形。在此种树形树干的整个长度上营养物质分配均匀。由于老梢生长较强，倾斜生长的嫩梢长势较弱，因此，瞎芽少，结果时间长。

1. 利用弯枝　栽植当年，将苗干在距地面 30cm 处往垂直杆上绑成倾斜状态。营养苗的上部也弯倒绑缚到理想的角度，第一道绑缚的位置大约距弯曲处 10cm。此法简单易行，但营养苗高不能超过 60cm，因其基部不能发梢。若苗旺时，也不应弯曲苗干。当营养苗弱，或粗壮、木质化和不能弯曲时，可将新梢短截，留 30cm 长。定植后隔年，除顶部外，所有新梢都要疏除。顶部新梢绑到小木桩上。

2. 中央领导干的处理　领导干每年增高 30～35cm，一般 45° 时，树干背上和侧面，可能由新梢转化为结果枝，对结果枝可用轻剪减弱其优势，采用较重修剪、摘心和重复夏剪以形成很好的结果条件。

在倾斜角 < 45° 的情况下，树干上面的新梢如同徒长枝一样，生长强旺，直接影响侧枝的发育。这种树形只限于侧枝结果，应完全去除徒长枝，或仔细抹除位置不好的芽，然后再进行绑缚。即使是盛果期树，也不能忽视树干上面某一新梢的发育。这对靠墙栽植的树，结果局部性是很不适宜的，因为结果枝

只在靠墙的一面，或在领导干的下面。再一个困难是在倾斜单干形行的始、末，总有一个三角形间隔应填满。要做到这一点，在每行最末一株树的中央领导干上，留些平行的水平枝，其长度由顶端向下逐渐缩短。倾斜单干形一般用支柱从东或西面固定，应朝南面。

（三）水平单干形

该形适宜在家庭果园小块地上应用，能在地边上生长，但不能形成厚的致密树墙。该形也可用在灌木行间或双层篱架间的商业化种植圃。水平单干形的支柱是由能绑铁丝的铁架组成的，铁丝高度距地面 40 ～ 60cm。

1. **壮苗塑造方法**　将树干弯倒呈 90°，与地面平行。可用两种方法：一种是弯枝绑缚法，栽植当年，当茎局部木质化时，将苗弯倒。栽植 75 ～ 80cm 高树，弯前，将苗干下部绑在立柱上，一般固定 2 ～ 3 道。最上面一道距水平铁丝 12cm。领导干弯枝半径 10cm 左右，以免折伤。为此，将弯后的领导干绑到水平铁丝上，绑第一道的距离为 15 ～ 18cm（离拐弯处），以使弯曲处自由生长（图 4-10）。

2. **弱苗塑造方法**　很矮和木质化的营养苗或在苗圃里生长几年的苗，移栽后，

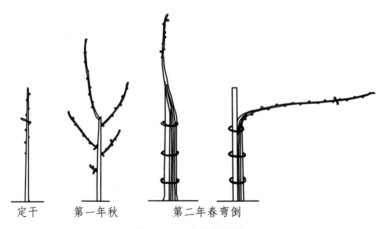

定干　　　第一年秋　　　　第二年春弯倒

图 4-10　弯枝绑缚法

一个季节中生长慢的苗木，第二年冬，在铁丝下 10cm 处剪截。剪口位置是关键，若离铁丝太近，则因弯曲会损伤组织；若离铁丝太远，则和倾斜单干形的基部一样。剪后，剪口下能发出几个新梢，只留最顶端的 1 个，余者疏除。当顶梢长达23 ～ 30cm 未完全木质化时进行绑缚，可避免组织受伤并能使新梢自由生长，第二年延长梢长到最大长度。春天，将枝条背上的芽全部抹除，尤其靠近弯曲处的芽。以后，还要细致反复进行抹芽，避免发生直立枝。由于人为限制水平单干侧面和下面枝的生长，有可能形成果枝。

3. 以后的修剪　在保留侧生和下垂新梢的前提下，每年升高 30 ～ 35cm。领导干留得越长，每年其生长量越短，新梢越弱，其基部芽死亡越多。因此，领导干发育越强，剪截应越重。应保留足够数量的芽生长发育。领导干应剪留上芽，并将其水平地绑到铁丝上。新梢末端任其生长（可能离铁丝上翘生长）。可能时，将其绑到铁丝上，呈倾斜状态。

采用上述剪法还要注意两点：一是弯枝不能太急，最后一个绑缚位置或剪口，任何时候都应靠近弯曲的顶部。另一点是在前期新梢生长未木质化前进行弯曲。

七、各种复杂单干形

（一）三枝单干形

此形要求 T 字形分枝并保留中央领导干。可用 T 字形整形法，留 3 个梢或芽。中央领导干、主枝、新梢都要带小桩修剪，将两个侧梢尽早绑到铁丝上，以保证中央领导干延长枝直立向上生长。

（二）U 字形

1. 单 U 字形　此形可用于桃和某些梨品种上。两主枝间的距离：桃 50cm，梨 30cm。桃树栽植株距 1 ～ 1.2m，梨树 60 ～ 90cm。此形支架是由两个相距 30 ～ 50cm 的垂直枝条和距地面 35cm 的水平枝条连接而成。U 字形树冠的整形，生长快的品种，一个生长季就可完成；冬天在拐弯处上面剪留 20cm。

如果新梢达不到足够长度，春天做分杈；秋天在拐弯处下面留 15cm。下年夏季，当新梢未木质化前容易弯曲成 U 字形。U 字形树冠是良好的树形之一。其结果枝长度比垂直单干形多 1 倍。对生长势强的品种最适宜，因为树顶部新梢生长比简单单干形缓和（图 4-11）。

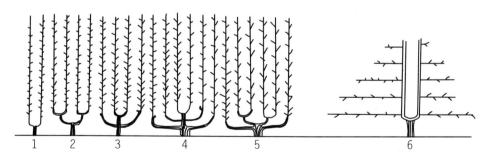

1. 单 U 字形　2. 双 U 字形　3. 套 U 字形　4. 六枝维立叶扇形

5. 双 U 复杂维立叶扇形　6. 单 U 字水平枝扇形

图 4-11　各种 U 字树形

2.U字扇形 包括双U形和4U字形（图4-12）。

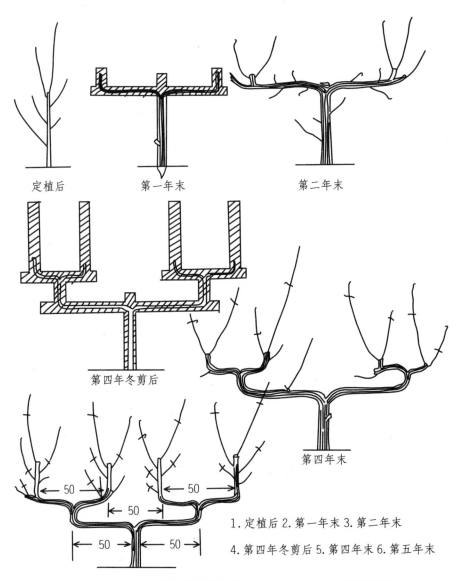

定植后　　　第一年末　　　第二年末

第四年冬剪后

第四年末

1.定植后 2.第一年末 3.第二年末

4.第四年冬剪后 5.第四年末 6.第五年末

图4-12　U字扇形整形过程（据Шампанья资料整理）

　　该树形适宜于所有果树，生长较强的用4U字形，生长较弱的用双U字形。其缺点是需要制作复杂而昂贵的支架。

48

复杂 U 字形应在单 U 字形树冠的基础上，进行整形。首先，保证在需要高度的树干上形成两劈杈枝。然后把这两个枝绑到水平状态和距中央领导干一定距离弯成膝状，在其上再一分为二，最后形成朝上的 4 个主枝，因此可得到双 U 字形。树冠主枝第三次分枝就形成 4U 字形。每两个主枝间要保持 50cm 的距离，因此，不可以在一年里完成。为此中央领导干上新梢生长量不要小于 1.5m。为得到着生花芽的最大长度的主枝，力求小枝组和膝节形成接近地面，中央领导干高度大约为 20cm。

3. 维氏棕榈叶形（套 U 字形）

该树形在欧洲大面积生产中应用最为普遍。实际上是一系列一个套一个的 U 字形，最简单的是由两个 U 字构成（图 4-12），有 4 个垂直的茎干，各相距 30 多厘米。这种树形生产上最常见，对梨树最适合。U 字底座离地面 35 ~ 40cm，垂直干留枝数，即结果枝数，依品种生长势和结果习性而定。例如，生长强的哈代梨或用乔砧的品种，可留 6 个或 8 个垂直茎干，而生长较弱的品种则可留 4 ~ 6 个垂直茎干。最适宜的品种有老克拉桑、巴梨、泽西路易丝密梨、考密斯秋梨、老利尔马、德布多和哈代梨等。

法国有大面积维式棕榈叶形梨树栽培，其中有个 910 亩的梨园，栽植株距为 1m，行距为 3m，用 3 ~ 3.6m 长支柱支撑（下部 76 ~ 91cm 埋入土中），水平铁丝间距 30cm。生长势中等的品种使用 7 道铁丝，生长势很强的品种使用 9 道铁丝。栽后梨树 4 年结果，8 年亩产 3 500 ~ 5 000kg。

塑造方法如图 4-13 所示。

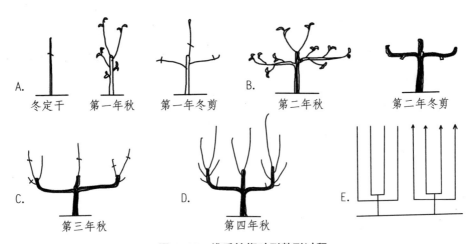

图 4-13　维氏棕榈叶形整形过程

（1）第一年 双U字形树冠的整形，首先从主干上开始，分枝为二，以后这两个分枝又一分为二。套U字形与U字形相似，但有中央领导干。侧生枝任其自由生长或绑缚呈倾斜状态。对中央领导干延长梢则进行摘心。如果夏季侧梢长到足够长度，则将其弯成膝节；若不够长，则任其继续生长（图4-13A）。

为形成四主枝扇形，侧梢长度不应小于75cm。而为形成六主枝扇形，新梢应长到1.25m，一年不可能达到，需2年完成。

（2）第二年 冬末绑缚侧生枝延长枝，视其发育状况，在距其基部30～50cm处剪截。中央领导干的延长枝留几厘米剪。夏季侧生枝抽生后，常将其弯曲，或在膝节几厘米处剪。若其生长不强，则可待第三年再做处理。对中央领导干延长梢同上年一样进行摘心（图4-13B）。

（3）第三年 冬剪只剪中央领导干延长枝，可能有两种情况：一是侧生枝发育较好，像第一年就整成第一层膝节的，则中央领导干便在35cm处留两个侧芽剪截，以便形成下一层，但长出的枝必须与下层保持在同一平面上（图4-13C）。桃树则可用第三芽不定芽形成良好的第二层。二是侧生枝发育不良，则中央领导干可再次用"等待"或"放慢"式修剪（同第二年修剪）。

（4）第四年 如果中央领导干做了"放慢"式修剪，则应同第三年修剪。在中央领导干正常修剪的情况下，其上形成许多新梢，从中只保留两个，剩下的3个新梢剪法同第一年。但因新梢间距小，在当年便弯成膝节状。这时要重剪一些侧梢，以保证结果枝有足够的空间，平均30cm左右（图4-13D）。

（5）第五年和以后各年 扇形各侧生枝可任其生长，如果树冠需要有较大的两层枝，也可保留中央领导干（图4-13E）。

在修剪时，外围枝要稍高于内部枝。每年修剪时，外围枝比内膛枝长15～20cm。如果超过4层，扇形主枝长度由外向内，邻层主枝间应保持20cm左右的差异。

（三）网格单干形

该形既高产又美观。在法国罗纳河谷地带苹果和梨树集约化栽培上有所应用。树在双层篱架上栽培，按同一距离将树枝彼此交叉。每个树干上分生两个枝，为此，必须在低于支柱处进行修剪。若离支柱太近，则枝条倾斜过快，与主干分枝角不能保证需要的树冠整齐度。幼树栽植距离80cm，绑枝的支柱高度为1.2m（图4-14）。

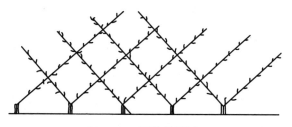

图 4-14　网格单干形

（四）双臂水平单干形

该形的优点是比简单的水平单干形整形快 1 倍（图 4-15）。

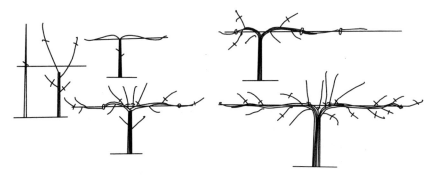

图 4-15　双臂水平单干形整形步骤

该形适于生长势中庸的品种。

上述复杂单干形的共同缺点是：二主枝树难于保持二主枝间的平衡。可通过强枝重剪、弱枝轻剪法加以处理，最好是采用果枝摘心和强延长枝摘心的办法，以加强弱枝的生长，还可部分去除强枝顶部的叶子，以保持二主枝间的平衡。

（五）列任德尔扇形（英国篱壁形）

这是由水平单干形发展而来的扇形（图 4-16）。树冠由 1 或 2 个领导枝所组成，领导枝上分布着一些平行的水平枝。层次不宜超过 5 层，果枝在侧枝上分布。

该树形缺点是：同倾斜树形一样，需要多次的"放慢式"修剪，大大延缓成形的时间。在形成每一层时，为形成 3 个枝（一个垂直、

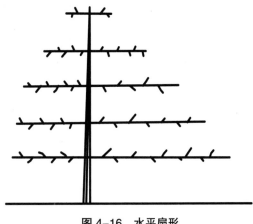

图 4-16　水平扇形

二个水平侧枝），要对第二枝反复处理。

（六）斜扇形

这是由倾斜单干形所得到的扇形（图4-17）。在侧枝对生的中央领导干上连续形成几层，所有枝都处于一个平面上和层间距一致的情况下，可以整成该形。整形中可用"等待"式或"放慢"式修剪法。在前一层发育不够时，不要急忙形成下一层。这样的斜扇形也可在两个中央领导干上整成，但不易平衡。可惜因其需要仔细的修剪和整形期拉长，故目前已几乎不用了。

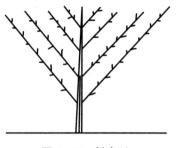

图4-17　斜扇形

八、T字形

该树形属复杂的人工扁平树形。

1. 利用两个对生的叶芽　营养苗栽后立即修剪或第一生长期后在将来形成T字形的部位以上5cm处剪。春天发出几个新梢，留两个对生梢，余者重摘心或环割修剪。在所有新梢中不可能有两个是完全处于一个水平的，但可使留下的两个新梢处于一个平面上，或与铁丝保持平行。要把刚木质化的嫩梢绑到铁丝上。营养期间新梢自由生长。这种方法对生长弱的营养苗尤为适用（图4-18A）。

2. 利用弯干和弯梢　此法适用于0.8～1.0m高的乔化营养苗。像形成水平单干形那样，将营养苗弯倒，然后在距弯曲处15cm的地方修剪。第二年春剪口芽正常发育。此外，弯曲处发生许多新梢。在开始弯曲（膝节处）的地方，留下1个最强的新梢，绑到铁丝上，以弯到另一方，形成T字形树冠（图4-18B）。

3. 利用基部瘪芽和由不定芽发出的两个新梢　不定芽发生能力强的品种，可以用这类芽形成分枝。首先，不要损伤不定芽的基部，去除主芽。对于需要的不定芽，应留段小桩，树干上保留短粗的新梢，将来再疏除。此法很适用于葡萄（图4-18C）。

4. 利用双芽接法　部分果园T字形树整形常用的方法是：夏季，在拉的铁丝下5cm处、需形成T字形的地方，一边接一个芽。春天，由这两个芽抽梢的位置一般是理想的。如嫁接一致的芽，则两个新梢就长得差不多。春天，开始生长前，将营养苗在芽接部位以上留桩修剪，桩长5～7.5cm，带2～3个芽，春天抑制其生长，以保证营养物质源源不断地供应接芽。不能让桩上新梢生长太强，

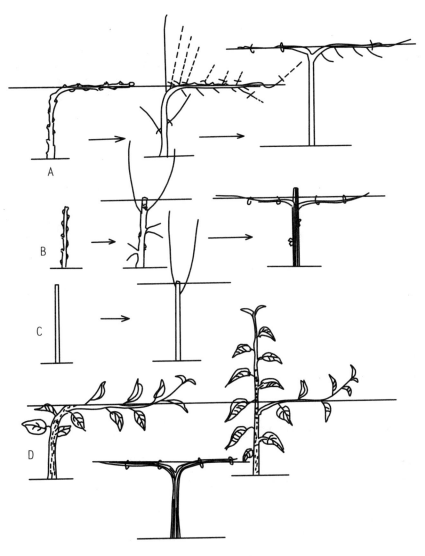

图 4-18 各种 T 字形树冠的整形

应根据需要进行重摘心，待接芽长出强壮新梢以后将小桩剪除（图 4-18D）。

5. **利用休眠芽长出的梢**　若比较老的营养苗需整成 T 字形树冠，则在要求分杈处，留桩剪断树干。如果树干上有侧梢，从基部疏除，然后在侧梢剪口上面刻伤，以利营养物质流向此处。如果在树干上看到发育很弱的休眠芽时，不进行芽上刻伤。春天，从被剪的侧枝基部或不定芽发出势力不等的新梢，留下两个邻接的最强的枝梢，绑到铁丝上，将形成 T 字形树冠。

九、蒙特列式扇形

在法国巴黎附近的蒙特列地区，桃树一般栽在城郊的围墙上。因为果实只在一定高度开始形成。在靠近桃树基部，顺墙整成双面水平单干形（图4-19）。

第一年，将营养苗剪至正常长度，但要留下不同方向的4～5个新梢。为确定将来的树形，不做任何特殊的手术。新梢几乎自由生长。"补空"原则决定枝条生长方向。随着树的生长，各种枝都向着墙的空处发展。树各部容易达到平衡。枝条向某一方向延伸，有时很长，甚至超过中央领导干或缺乏某一骨干枝。整成蒙特列式扇形的苹果树不需用修剪促进结果。桃树结果枝可绑在钉在墙上的大篱架上，无需复杂的支架。

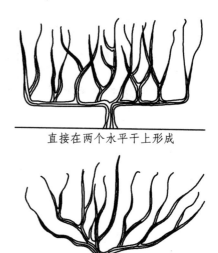

直接在两个水平干上形成

改良形

图4-19 蒙特列式扇形

十、马尔尚式整形

该树形起源于法国。

1.塑造方法 将无分枝的1年生苗呈30°～45°定植，最好是采用南北行向。苹果用M9砧较合适。视品种生长势和土壤肥力，株距1.8～2.4m，行距3m。篱架由3～4道相互距离约40cm的铁丝构成。

由于苗木斜栽，在栽后第一年，几乎背上每个芽都能萌发，将强梢拉成与主干垂直的状态，绑在铁丝上，构成许多格子，布满篱架。

第二年早春，领导枝剪留2/3长，剪口留上芽。侧枝轻剪，大约15cm远留1个枝条，或大约留7个枝臂。不是从主枝上垂直长出的枝条一律剪去。最低的枝条离地面在25cm以上。对一些主要枝条应在4月进行摘心，8月剪梢抑制后期生长，然后再疏除无用枝。

2.树形特点 这种树形的第一个特点是易早实丰产。整形要求细致修剪和特殊管理，其成效取决于生长与结果的平衡。尽管这样，这种方式还是值得推荐的，如树苗无须在圃内整形。无分枝的1年生苗呈45°斜栽，容易早实丰产。

另一个特点是，如果幼树生长过旺时，可加大倾斜度，抑制其生长和促进结果，并能扩大结果面积，使结果和生长达到平衡。

采用这种树形的果树产量不错，有些果园栽后第二年亩产 275 ~ 350kg，第三年 700 ~ 1400kg，第六年 1 750 ~ 2 100kg。据称 10 年生树亩产 3 500 ~ 5 000kg。

十一、盘（杯）状形

该形树体矮小，一般树高不超过 2.5m，便于松土、修剪、采收等各项田间作业，真菌病害少。适用于对癌瘤病敏感的品种，也可用于干性弱的品种（苹果和梨的许多品种）。

（一）简单盘（杯）状形

营养苗栽后，第一年最好不剪，以利于根系发育。但在有利的条件下，如果移栽的是营养苗，栽后可立即整形。

1. **第一次修剪** 营养苗定干高度在 25 ~ 30cm。让剪口下 20cm 左右的一段发出 5 ~ 6 个好枝来。可通过春季修剪和夏季摘心，使 5 个抽出的新梢处于平衡状态。生长期内，将新梢绑到直径为 50cm 的木制圆圈上，以得到排列一致的骨干枝。作为树冠的骨架，不要把新梢绑到金属柱上或其他昂贵的柱子上。

2. **第二次修剪** 冬季，5 个新梢在圈上 5cm 处留好芽剪截，春天开始正常生长并呈垂直状态延伸。

3. **第三次及以后修剪** 为使树冠达到需要的高度，这 5 个枝每年都要修剪。修剪程度宜轻，只进行打头，促进早结果。

如果出现旺长趋势，则弱树骨干枝修剪要轻些。把骨干枝绑到第二个圈上（与第一个圈相连），可改善和完成规则的树形。

（二）六主枝的复杂盘状形

5 ~ 6 个骨干枝的简单盘状形只适用于树体小的品种，而且整形复杂，由 5 ~ 6 个邻接芽发出的新梢令其生长平衡相当困难。六主枝复杂盘状形整形的方法步骤见图 4-20。

1. **第一次修剪** 与简单盘状形修剪相似，但需进行抹芽和无用新梢的摘心，以确保抽生 3 个枝，由这 3 个枝易于整形，形成平衡的树冠。

2. **第二次修剪** 第二年，在 3 个枝的枝头，分别选两个侧芽修剪，以便使每个枝头一分为二，大约在距树冠 20cm 处下剪。换言之，即在绑主枝的木圈里面，这样便可得到 6 个枝，将其等距离地排列和绑到木圈上。

3. **第三次及以后的修剪** 此后修剪与简单盘状形修剪相似。总是留上芽修剪，

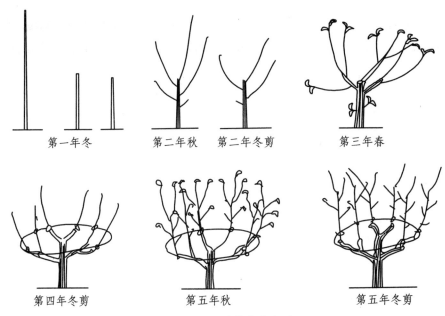

第一年冬　　　　　第二年秋　第二年冬剪　　　　第三年春

第四年冬剪　　　　　　第五年秋　　　　　　第五年冬剪

图4-20　六主枝复杂盘形

并且让顶芽能发出强枝来,这就要考虑其剪口离芽位高低。处于优势状态的骨干枝用修剪可促进结果。在促进结果修剪时,利用壮枝和长果枝很重要,否则它们易与骨干枝发生竞争。这种树形有6个骨干枝,必要时,也可把骨干枝数量增至8~12个。8个枝的,是在第一次修剪时,留下4个新梢,然后令每个新梢再一分为二。12个枝的,则是第一次修剪时,留下6个新梢,然后每个新梢再一分为二,这样便可分别形成8或12枝的复杂杯状形。在此情况下,木圈直径不是50cm,而是80cm,第二次新梢分枝可能接近第一道圈,并在圈内。大部分产量分布在三级枝上。骨干枝基部处于严格的水平状态,即在木圈的平面上。但把这些枝头固定到木圈上,常被忽略。绑得太高或完全不绑,均整不成标准树形。树稍稍对称,其骨干枝迅速倾斜,树冠中心向上,上部敞开,占领较大空间,受光较好。在倾斜的骨干枝上比在直立枝上能更快地形成较均匀的结果枝。

十二、德尔巴三交叉式整形

法国巴黎的George Delbard曾设计了适于苹果和梨的树形,叫德尔巴三交叉式整形。它是由每株树的两个主臂式大主枝组成,其上长出与主枝呈直角的分支臂。栽树时,要使分支臂相互重叠,呈三交叉式(图4-21)。苹果树使用M9砧,梨树用榅桲砧。

这种整形方式的骨干枝长度要与品种生长势、结果能力相适应。按品种生长

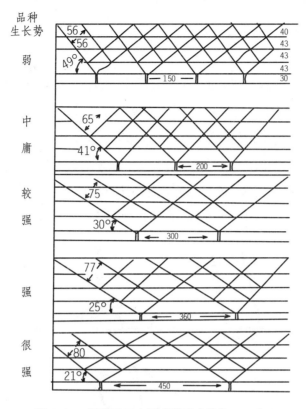

图4-21 德尔巴三交叉式整形（单位：cm）

势可分5级：弱、中庸、较强、强、很强。生长势较强的品种，其骨干枝总长度较长；生长势较弱的品种，其骨干枝总长度则较短。前者株距较大，后者较小，株距为1.5m，骨干枝总长度约为7.8m。生长势很强的品种，株距为4.5m，大主枝总长度则为16.6m左右。

大主枝倾斜角度随品种生长势而减小。生长势很强的品种比生长势较弱的品种的枝条更接近于水平，以削弱其顶端优势。相反，生长势较弱的品种，大主枝角度倾斜度较小，以助其长势。大主枝与水平面夹角呈20°～50°。

不论哪类品种，篱架均采用2m的高度，拉5道铁丝，底下一道铁丝离地面约30cm，其余几道相距约40cm。

十三、勒伯热式整形

该形由昂热的Henri Lepage大约在1925年设计。1933年前后进行了比较广泛的应用。这种扇形在昂热地区果树生产上有一定的重要性。

栽植株行距随品种生长势和土壤肥力而变化。1年生苹果壮苗，按株距1.2～2.1m、行距2.4～3m定植，苹果砧木用M9、M7、M4，生长弱品种可用

M2，梨用榅桲砧木。

用地面上 2.1m 高的桩子设置篱架，拉 3 道铁丝，间距为 61cm，最下面一道铁丝距地面 41 ~ 46cm。

该形由 1 ~ 2 个骨干枝构成，苗木栽后不修剪，容易弯倒。将幼树弯曲并绑到最下面一道铁丝上，呈弧形。其上发生的新梢不去除，在弯枝顶部或稍靠外处，抽生一个强梢。第二年，将该新梢顺行拉向相反方向，弯成弧状，将其绑到第二道铁丝上而形成第二层。第三年，从第二大主枝弓背上抽生一强壮新梢，再将其弯成弧形，绑到第三道铁丝上。在某些情况（如品种生长势强，或比 M9 强的 M2 砧等）下，还可形成第四年弧形（图 4-22）。

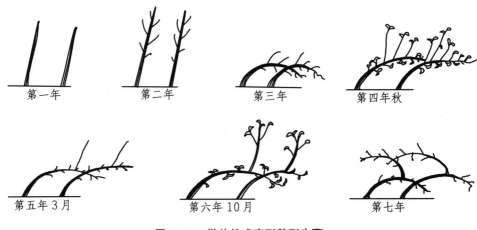

图 4-22　勒伯热式扇形整形步骤

这种扇形，冬、夏季修剪主要是疏枝。使主枝及其分枝保持大弯曲状态。一方面利用矮砧和瘠薄的土壤；另一方面促进早果、丰产，但管理水平要求较高。

十四、布歇－托马斯式整形

该整形方式仅仅在法国个别地区应用，只进行轻剪，几乎专门依靠拉枝、弯枝和编枝（图 4-23）。

梨树栽植行距因树势和土壤而变化，行距 2.5m ~ 3.0m，株距

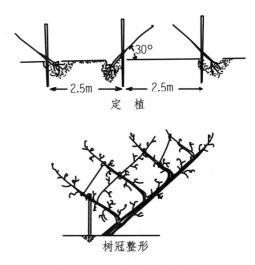

图 4-23　布歇－托马斯扇形

2.0 ～ 2.5m；苹果树行距 3m，株距 2.5 ～ 3.0m。为便于机械化，行距还可适当加大。

用嫁接在实生砧或矮砧（M7 和 M2）上的苹果和楂桲砧上的梨的强壮、无分枝（或有分枝）的 1 年生苗定植。在使用矮砧的地方，栽植较深，以便诱导接穗生根。苗木与水平面呈 30° 夹角，两株相对地交叉成一个矮 X 字形，将各对树苗在交叉点上绑在一起。

第二年，在苗干上下部都诱发出旺梢或徒长枝来。对竞争枝进行摘心，将有用新梢向其母枝相反方向弯曲整形，用拉绳加以固定。

第三年，从相邻树上选留的 1 年生强枝顺行交叉，在交叉点上绑紧。将枝条向后弯曲，抑制顶端生长，促进花芽形成。相邻树连成一个比较牢固的树篱，这样，就不需要篱架或人工的支撑。其余枝条向下弯成弓形，编插入树篱中（图 4-24）。当年内，可从最后一组弯枝的基部长出一些强旺的徒长枝（萌蘖枝）。

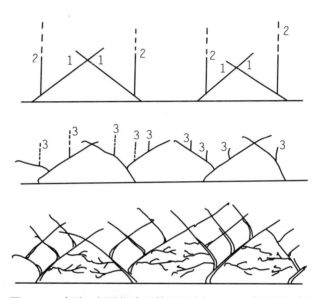

图 4-24　布歇－托马斯扇形整形程序（1、2、3 为枝的级次）

第四年，将这些强壮的枝条再同样地向后弯曲，方向与其母枝相反，在交叉处绑紧。这样，就形成几层重复交叉枝，弯起来像一道编起的树篱，其高度可达 1.5m、1.8m 或 2.4m。每年将长梢弯成弓形，疏除多余的和杂乱的新梢，疏除或轻弯中庸的新梢。

此形骨干枝和侧枝不短截，无论幼树，还是盛果期树，都不搞短截修剪。这有利于早结果，在老树上则进行更新修剪。

这种整形法，对杏、油桃和桃特别适用，也可用于苹果和梨。

十五、葡萄扇形

该形是一种适于北方寒冷地区的塑造方法，也称三主枝扇形。采用的行株距多为 5m×2m，也有 5m×6m 的。

1. **树体结构** 树冠由 3 个主枝构成，扁平、疏层，以向顺风方向伸展为好，要求在主枝上直接配备各类枝组，以减少骨干枝级次，有利于控冠和丰产。为避免枝多密挤，用扣压法将密处枝条疏散开。

2. **塑造方法** 可参照直立栽培，但不同处是采用扣压法将枝条和树压倒，以便冬季埋土防寒。扣压是利用带钩的木桩、树枝，将直立的枝和枝条钩下来，使之呈水平状态。对骨干枝的延长枝，每年要扣压，防止其向上垂直生长。如果骨干枝生长势弱，也可以用木桩做支柱，缩小其角度，促进生长。对于密挤处的枝条，将其压向树冠的空隙处，使之分布均匀；过密者，也可疏除之。在整形过程中，要适当处理好从属关系，防止骨干枝重叠和枝量过大，以便埋土越冬（图 4-25）。

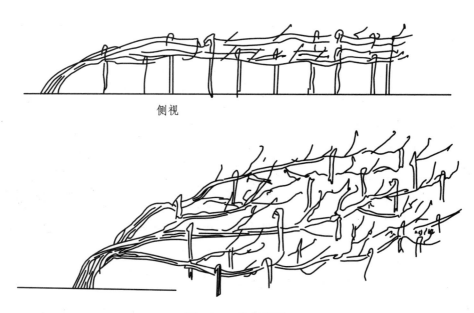

侧视

图 4-25 葡萄扇形

十六、无架形或简化支架形

这种整形适于葡萄密植园，采用单株小支架或无支架，可以节约大量架材。但应选择直立性强、生长较弱、易结果的品种。值得注意的是这种塑造方法需多采用重剪或短梢修剪，相应地削弱了地下部的生长，故寿命短，株产低。最适于在冬季不埋土防寒地区（黄河流域）和缺乏架材的地区采用。

1. **葡萄无架高干形** 每株葡萄留 1 个主干，其高度依条件而不同。寒冷、干燥的地方宜用矮干；反之则用高干。定干后，每年行短梢或极短梢修剪，矮干者新梢多向上引缚，高干者新梢多自然下垂。每株留 2～3 个侧蔓，每个侧蔓再留1～3个结果母枝（图4-26）。

2.三角形　这种树形适合较密的栽植。果树定植时，按宽窄行栽植。窄行内，每个定植点按三角形栽植3株，每株有1个主蔓主干，干高60～80cm，在树干部位以上留一臂枝，使其延向另一株，使3株相互依靠、连接。可在一定高度将3株蔓绑到一起，或幼树时，在3株间立一支柱，待3～5年后，主蔓加粗后即可拔出。

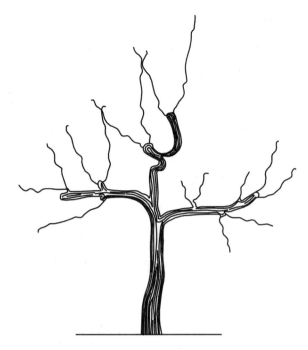

图4-26　葡萄无架高干形

3.依物自由式　该树形属于一种古老的粗放式。常用于葡萄和枣树间作，修剪时，只剪除一些枯死老蔓，其余蔓则任其攀缠于枣树上。

十七、多种龙干形

如图4-27所示。

1.独龙干形　龙干树形主要在我国北方平棚架和倾斜式棚架上广泛应用。

全葡萄树只留一个主蔓，长度在5～8m，3～4年完成整形。在无霜期小于160天、较冷凉或土壤条件较差的地

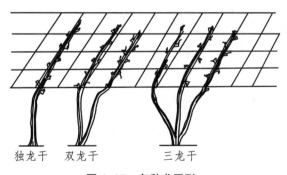

独龙干　　双龙干　　三龙干
图4-27　各种龙干形

区，栽后第一年培养壮苗；第二年加速主蔓生长；第三年边结果，边放条；第四年完成整形，树进入盛果期。龙干间距2.0～2.5m。让两主蔓（独龙干）间新梢和结果枝均匀平绑在棚面上，互不遮光。

2.双龙干形　该形属于无主干类型，较适于冬季寒冷地区和需要下架埋土防

寒的葡萄品种。

每株葡萄直接从地面留两个主蔓，平行引缚于架上，主蔓上又再分一侧蔓，只按一定距离留枝组，一般两蔓间距 50cm。树势强、节间长、叶片大的品种，蔓距可大些，反之，宜小些。枝组间距 25～30cm，行短梢修剪。

3. 三龙干形　塑造方法同双龙干形，每株葡萄直接从地面留 3 个主蔓，平行引缚于架上，一般株距 1.5m，蔓距 50cm 左右，枝组间距 25～30cm。

十八、短梢灌木形

此形广泛用于酿酒葡萄整枝上，有用支柱和不用支柱两种。在湿度低的地方多用支柱，将结果母枝绑在支柱上，有利于受光增温。矮的几乎从地面分生主枝，高的在距地面 20～30cm 处分枝。寒地和干燥地区干高宜低，暖和多雨地区干高宜高。

每株葡萄所留主枝（蔓）数量，依栽植距离和土壤肥力而定。稀植、土壤肥沃者主枝宜多，反之宜少。在行株距 1.7m×1.0 m 时，适于极短梢修剪的品种，可留 4 个主枝；适于长梢修剪的品种可留 3 个主枝。也可不留固定主枝，每年用新枝更新老枝（图 4-28）。

在倾斜瘠地采用高密栽植时，可整成中梢单蔓式灌木形。该形只有 1 个结果母枝，全用中梢修剪，都用下部枝梢更新，以防母枝部位提高（图 4-29）。

图 4-28　短梢灌木形

四蔓式　　扇面式

十九、长梢灌木形

该形适于生长旺盛、结果枝中短梢修剪结果差的葡萄品种。

在干的顶端，选留 2～4 个结果母枝，并于其基部附近留一更新母枝，剪留基部 1 个芽，使其只抽生 1 个更新枝。每个结果母枝剪留长一些，一般 0.7～1.0m，然后将结果母枝用几种方法绑缚起来(图 4-30）。此法可抑前促后，调节结果。

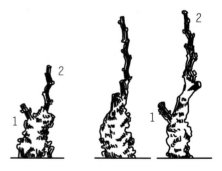

1.母枝更新 2.结果母枝

图 4-29　中梢单蔓式灌木形

二十、葡萄棚架规则形

1. 双蔓一字形　该树形适于坡地、生长势弱的葡萄品种。行株距为

（11.8～18.0）m×（0.2～2.3）m。

1年生苗栽后，留3～5个芽修剪，发芽后仅留1个强梢，其余抹除。随新梢伸长，立支架，绑缚呈直立状态。横伏于架上。冬剪时，适度长留（近于棚高），作为第一主蔓，第二年由该主蔓弯曲处发出几个新梢，选留其中一强梢，令其向相反方向延伸，作为第二主蔓。两个主蔓各自直线延伸，直至架头为上。同侧的侧枝间距24～26cm，结果母枝行中、短梢修剪。

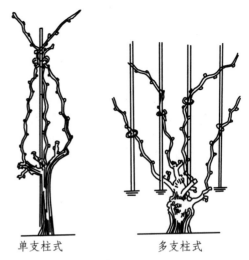

图4-30　长梢灌木形

单支柱式　　多支柱式

用修剪调节主蔓长势，使第一主蔓永远强于第二主蔓（图4-31）。

2. H字形　此形是日本近年在水平连棚架上推出的最新葡萄树形，又称双方二分叉形。其主枝数量合适，生长势稳定，成形较快；整形规范，新梢密度容易控制，修剪简单，易于掌握；结果部位整齐，果穗基本上呈直线排列，利于果穗和新梢管理。

栽后先将主蔓延长到棚上，横伏而形成第一主蔓，第二年自弯曲处形成第二主蔓和第三主蔓；第三年由第二主蔓弯曲处再形成第四主蔓，以后这4个主蔓不断伸长，达到棚边为止。其主蔓间距用短梢修剪时，为2.0～2.3m，主蔓一方的长度在6.7m左右（图4-32）。

3. 长梢H字形　长梢H字形也叫长梢双方二分叉形。与规则形的双方二分叉形相似，先分生4个平行主蔓，其间距3～4m，主蔓需长梢修剪。

4. 双蔓四分叉形　该形主蔓多，成形快。栽后第一年，主干延长、弯曲而形

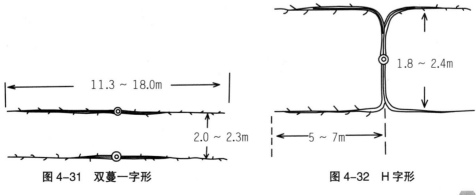

图4-31　双蔓一字形　　　　图4-32　H字形

11.3～18.0m

2.0～2.3m

1.8～2.4m

5～7m

成第一主蔓。第二年，从第一主蔓上分生第二、第三主蔓。第三年，从第二主蔓上分生第四主蔓。从第一主蔓上再分生第五、第七主蔓。但内部的第五、第六、第七、第八主蔓靠近主干，生长易旺，待外部主蔓已达相当长度后再分生，可以维持势力平衡。各相对主蔓不可出自一点。要错开33cm，主蔓间距1.8～2.4m，主蔓一方长度比双方二分叉（H字形）短些（图4-33）。

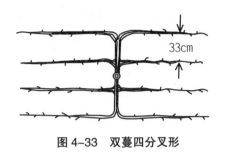

图4-33 双蔓四分叉形

5. 单蔓一字形 该树形也称一条龙、独龙杠。整枝时仅留双蔓一字形的第一主蔓，使其卧于架上。每年适度修剪，后部分生侧枝，前端延伸到架边。一般株距2.0～2.3m，行距在13m左右。侧枝排在主蔓左右，同侧侧枝间距23～26cm，一般进行短、中梢修剪（图4-34）。

6. 单蔓二分叉形 该形为双蔓一字形的两个主蔓向一方弯成U字形，主枝继续延长到预定长度。主蔓间距，用短梢修剪为2.0～2.3m，主蔓长度为9m左右（图4-35）。

7. 单蔓四分叉形 这种树形似钉耙，主蔓多，成形快。选由主干向上延伸、弯曲而成第一主蔓。第二年，由第一主蔓分生第二主蔓，第三次再分生内部的两个主蔓。如果第一、第二主蔓生长不强，则里边的两个主蔓不必急于分生，否则各主蔓势力难以平衡。主蔓逐年直线延伸，直达架边为止（图4-36）。

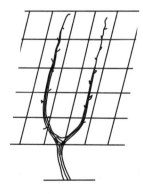
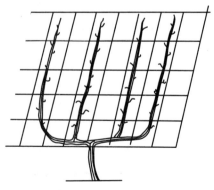

图4-34 单蔓一字形　　图4-35 单蔓二分叉形　　图4-36 单蔓四分叉形

二十一、棚架自由形

该形多用于北方葡萄产区，我国华北、东北主要用棚架平行主蔓形和棚架扇面形两种。

1. 棚架平行主蔓形 该形在东北地区采用较多。为便于冬季埋土防寒，一般无主干。由 3～5 个主蔓平行上架，主蔓间距 30～50cm（图 4-37）。

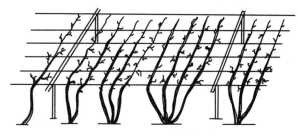

图 4-37 棚架平行主蔓形

苗木栽后留 5～6 个芽剪截，萌芽抽梢后，选 2～3 个新梢作主蔓，冬季只剪去顶端不成熟部分。第二年，平行卧于架上，令主蔓继续延伸，如果主蔓数不够，可由根际萌蘖选留，达到所需数目。以后各主蔓平行延伸于棚面上，主蔓两侧培养侧枝，以占满架面。大棚架（行株距 10m×2m）整枝需 4～5 年完成。小棚架[行株距（3～5）m×1m]，留 2～3 个主蔓，整枝需 2～3 年完成。

2. 棚架扇面形 该形为典型的棚架自由形，华北葡萄产区普遍应用。

（1）树体结构 一般有主干，从主干上分生几个主蔓；不留主蔓的，可从根际直接分生主蔓，向架面上呈放射状分布。冬剪时，仅剪去顶端幼嫩部分，以后，随着主蔓继续延伸，再分生副主蔓，由副主蔓上再分生小副主蔓。在各级骨干枝上，再配备若干侧枝，直至布满架面为止。修剪时，以中、长梢修剪为主（图 4-38）。

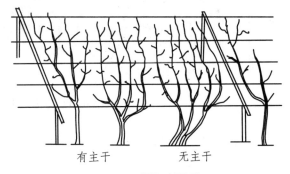

有主干　　　　　无主干

图 4-38 棚架扇面形

（2）塑造方法 基本同棚架平行主蔓形。但在整枝中，力求主、副蔓分明，相互距离适当为好，否则枝叶过密，影响正常结果。

为了快速整形，可适当缩小棚长（6～7m）和株距（1.5～2m）。定植时，每株留 3～4 个芽。萌发后，靠下部选留 0.8～1.5m 长剪截（剪口处粗度在

1.1 ~ 1.2cm）。第二年，每个枝蔓上留 2 ~ 4 个新梢。冬剪时，壮条剪留 1 ~ 1.2m，弱条剪留 0.3 ~ 0.4m。第三年，再在每个蔓上留 3 ~ 6 个新梢，冬剪时，壮条剪留 0.5 ~ 0.7m，中等条剪留 0.5 ~ 0.6m，弱条剪留 0.2 ~ 0.3m。这样，5 ~ 6 年可完成整形任务。

3. **圆架漏斗形**　该形在河北省宣化葡萄产区广泛采用。在地面上，做两个同心圆，内圆直径 2 ~ 3m，外圆直径 8 ~ 12m。首先，沿内圆圆周栽植 5 ~ 10 株葡萄，株数依棚的大小而定。棚柱由内圆向外圆按一定距离建立，内低外高至外圆最高达 3m 左右。棚柱上用木料或钢材纵横搭架，便成为一个中心空虚、形似漏斗的棚架。将葡萄蔓按扇面分枝方式均匀引缚于架面，构成一个大漏斗形。修剪以中、长梢法为主。树形参考大圆架形。

4. **大圆架形**　该形在甘肃省兰州市多有应用。它与圆架漏斗形相似，但架面大，一般内圆直径 5 ~ 7m，外圆直径 16 ~ 21m，最大可达 25m，占地近 1 亩。沿内圆周栽葡萄 10 余株。枝蔓分布同圆架漏斗形，但在内圆中心建个小棚架，将主干上所生枝蔓引缚于中心架上，可减轻枝干日灼和内圆的土壤水分蒸发，并能增产（图4-39）。

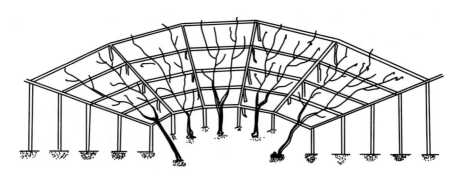

图 4-39　大圆架形

5. **X 字形**　宜在冬季不埋土防寒地区采用，适用于水平棚架。该形塑造方法是：

（1）主干形成期　春季苗木栽后，一般剪留 30cm，以后只留 1 个顶端强梢，顺架一侧伸展，作为中心主干。其在棚下一段，如有强副梢，可留 1 个，作为主干分枝，伏于架面另一侧；如无强副梢，则待下年选留主干分枝。冬剪时，中心主干剪留 1.4 ~ 2.0m，主干分枝剪留 0.7 ~ 1.4m。如果新梢仅长到架面时，则宜在棚下 0.7 ~ 1.4m 处剪截，下年按上法培养主干。需注意的是：中心主干与主干分枝不能由邻接芽形成，要有相当距离，使下位枝略小于上位枝（势力之差宜在

6：4，即中心主干6，主干分枝4）。将来主干分枝长势可赶上中心主干，二者渐趋平衡（图4-40）。

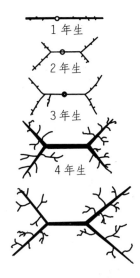

图4-40 X字形整形步骤

（2）主枝形成期 第一、第二年发育良好，利用副梢，每边形成两个主枝，第三年年初，形成两个主枝和若干结果母枝，树冠迅速扩大。中心主干上延长的1个主枝称第一主枝，其上分生的主枝为第三主枝；自主干分支上延长的主枝为第二主枝，其上分生的为第四主枝。第一与第三、第二与第四主枝间夹角在100°～110°。此时，第一与第四主枝在一侧，第二与第三主枝在另一侧。各主枝适当扩展，以免发生劣败枝。3～4年生主枝发育良好的，长度可达3～6m。

（3）主枝延长与副主枝形成期 第五年以后，4个主枝各自延伸，平均每年伸长1.5～2.5m（因品种）。随主枝延长，从其两侧的结果母枝中，选长势中等的做副主枝。在延长枝下的2～3个结果母枝，长得过粗，有竞争能力，适当疏除。为避免修剪过重，稍细的可长留，待第二年疏剪、剪梢、调节生长。

（4）副主枝整理期 主枝已经形成，副主枝已渐完成。渐次剪去主枝中、下部的粗壮副主枝，将细弱侧枝或主枝前部的副主枝曲缚于空旷处。此期主枝中、前部还有未确定的永久副主枝，要渐行疏除侧枝，而留固定的副主枝，但切忌对生，影响主枝生长。副主枝在主枝前、中、后的间距（较强品种）分别为1m、2m、1m，而较弱品种则为0.6m、1.2m、2.4m。

（5）成年期 此期主枝、副主枝已基本配齐，只对侧枝及其上的结果母枝进行修剪调节，并注意各主枝占棚面积和势力平衡。

6.V字形 该形适于倾斜架向上方单面发展，塑造方法同X字形（只为X字形的一半）。最初分生左右二枝，在架上伸长至1～2m处，向斜上方伸展，以后继续延伸，并由下而上配置副主枝（图4-41）。

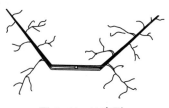

图4-41 V字形

二十二、篱架规则形

葡萄篱架有以下几种。

（一）直立单干形

该形有长梢式和短梢式两种，即更新时分别用长梢修剪法和短梢修剪法。

1. 直立长梢式单干形　该形适宜的行株距为 1.8m×1.0m。栽植壮苗，距地面 50cm 选两个好芽剪截，后发两个强梢，以后每年用双枝更新法修剪。结果母枝剪留芽数：弱者留 5 个芽左右，强者留 10 个芽左右。

为调节结果母枝势力，有直立和弓形绑缚两种（图 4-42）。对结果枝可采取强者保留并适当摘心、弱者疏除的办法。结果枝可引缚篱架上或自由悬垂。至于更新母枝所生两个新梢，宜垂直引缚，使其健壮，并于适当长度时摘心。

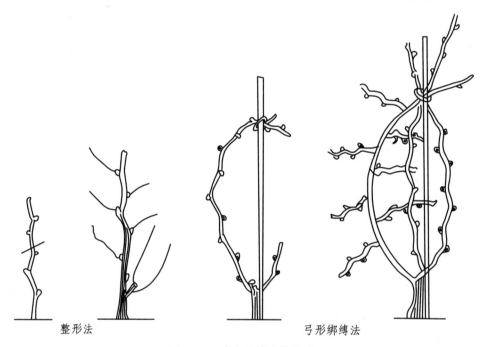

整形法　　　　　　　　　　　　弓形绑缚法

图 4-42　直立长梢式单干形

该树形栽后，一般 3 年结果，但因每株葡萄仅有 1 个结果母枝，所以单位面积产量不高，因此可适当密植。

2. 直立短梢式单干形　壮苗栽后，剪留 30～50cm，促发 3 个强梢，顶上的作为主干延长枝，令其直长。下面两个作为侧枝。第二年，延长枝剪留 30cm，使之再抽一延长梢和两个侧枝，依此逐年上升，达到所需高度。在主干左右选留侧枝，同侧侧枝间距保持 22～30cm，侧枝上的结果母枝进行短梢修剪，以发生 1 个结果枝和 1 个更新枝。为了早产、丰产，可实行密植，植株剪留高度不等，可分别利用上、下层次布满架面。同时，注意摘心等管理，以利于上下平衡。塑造方法同直立长梢式单干形。

（二）水平单干形

此形可分为单蔓和双蔓两类，均可分别进行短梢、中梢、长梢修剪。

1. 单蔓长梢水平单干形　定植株距 1m，剪留高度在 0.5～0.7m，上部留 2 个好芽，萌芽后，及时抹除下部萌枝，通过摘心等管理，使其发育良好。第二年春，将顶端一枝拉成水平，引缚于铁丝上，进行长梢修剪，作为结果母枝。其下部的一枝，则留基部两个好芽修剪，作为更新枝。当年结果母枝上发生许多结果枝新梢。选好的留下，余者及无果的新梢全部疏除。更新枝上发生两个强梢。注意及时剪除花穗，令其健壮生长。下年春，留下更新枝，剪除上部已结过果的老结果母枝，即采用双枝更新法修剪，以保持较稳定的结果高度（图 4-43）。

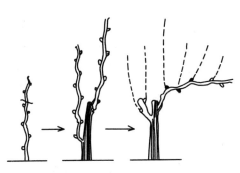

图 4-43　单蔓长梢水平单干形

2. 双蔓长梢水平单干形　壮苗栽后，剪留 0.5～0.7m，上部留 4 个好芽，当年可抽 4 个强梢。第二年，将顶部两枝左右水平引缚，作为结果母枝，进行长梢修剪，令其多发结果枝结果。其下部两枝各留基部两个好芽剪截，作为更新枝。第三年，去掉老结果母枝回缩到更新枝处，而将两更新枝的最顶部一枝左右水平引缚，再在两更新枝下部的一枝留两个好芽剪截。以后各年反复如此，稳定结果高度和部位（图 4-44）。

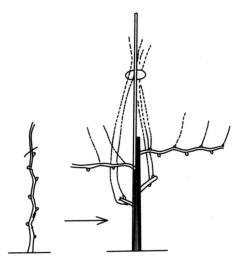

图 4-44　双蔓长梢水平单干形

3. 单、双蔓短梢水平单干形　苗木定植株距：单蔓短梢水平单干形为 1.7～2.0m，双蔓短梢水平单干形为 3.4～4.0m。同短梢直立单干形一样，每年随主枝延伸，按一定距离，培养 1～2 个侧枝。如进行短梢修剪，每个侧枝上只留 1 个结果母枝和 1 个更新枝，一般剪留 20cm；若强旺品种进行中梢修剪，可适当加大侧枝间距。

4. 单、双蔓中梢水平单干形 其塑造方法同上，只是结果母枝弯曲、斜生程度不同，有弯曲式、斜生式、屈垂式和弓状式几种（图4-45）。前两种单干形用双枝更新法更新；屈垂式用单、双枝更新法均可；弓状式则用单枝更新法更新。

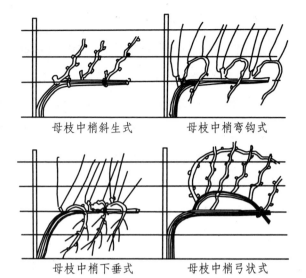

母枝中梢斜生式　　母枝中梢弯钩式

母枝中梢下垂式　　母枝中梢弓状式

图4-45 中梢修剪单干形

（三）聂奋形

这种树形适于生长势强的品种（如美洲种）。需设2m高的篱架，距地1m和2m处各拉一道铁丝，株距1.7m左右。

苗木栽后，剪留2～3个芽，发芽后留一强梢作主干，夏季垂直引缚于支柱上。秋季可长到1.7m高。冬季在第一铁丝高度剪截。第二年，从多数新梢中选顶部3个好芽，直立绑缚，其余新梢摘心控制。冬剪时，由顶部3个芽长出的新枝，选顶上的为主干延长枝，在近上部铁丝处剪截，其下2个枝进行长梢修剪，作为结果母枝，在下部铁丝上左右引缚。第三年，主干先端左右两蔓，作第二层结果母枝。上年第一道铁丝上的结果母枝，本年除基部各留1个更新枝外，所抽生的多数结果枝，任其下垂结果。第四年完成整形，两层枝均能结果（图4-46）。

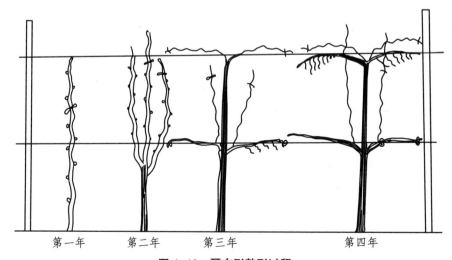

第一年　　　第二年　　　第三年　　　　第四年

图4-46 聂奋形整形过程

每年需在基部培养4个更新枝，更新结果母枝。为保持上、下层平衡，采用上层结果母枝长留、下层短留的办法，用结果来调节。

（四）个字形

该形由双蔓或单蔓长梢水平单干形改良而来，但将长梢修剪的结果母枝拉向斜下方，则先端生长减弱，后部易发更新枝，结果均衡。个字形有双蔓一层式、双蔓二层式和单蔓二层式3种（图4-47）。生长势弱的品种宜用单蔓二层式，生长势强的品种可用双蔓一层式或双蔓二层式。采用的行距为1.7～2.0m，株距为1.7～2.0m。支柱可用篱架，也可用木桩、细竹或绳等。

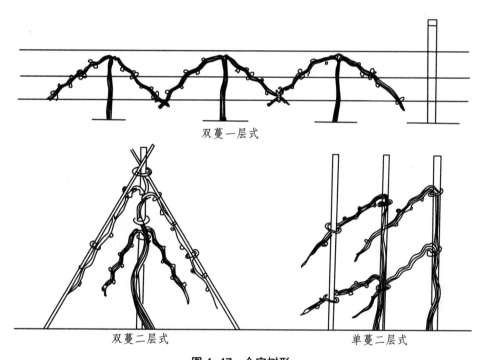

图4-47 个字树形

第一年，苗木栽后，留2～3芽修剪，使其形成强健主干，冬季剪留60cm左右。第二年春，选3个顶部新梢，直立引缚于铁丝或支柱上，使其生长强健。当年最顶上的一个作为主干延长枝，剪留60cm长，其下两个进行长梢修剪，斜下方引缚于篱架支柱上。第三年春，在主干顶部留两个新梢，作为明年上层的结果母枝，其下层上年拉下的两个结果母枝，当年抽生结果枝，而于基部近干处，各留1个新梢，直立引缚，作为更新枝，冬剪用其更新，而将结过果的果枝连同老母枝剪去。更新枝仍留60cm短截，拉法同上。同时，上层的两个结果母枝剪留1m长，也拉向斜下方。这种树形体积小、结果早，应适度密植。

二十三、篱架自由形

我国华北葡萄产区，因冬季需埋土防寒，多用篱架自由形。其中有4种类型：

1. 篱架自然扇面形　该树形华北地区应用较多。一般株距2m左右，行距依篱架高度和篱面数而定。一般高的单篱架行距2m，双篱架2.5m。

为便于冬季下架埋土防寒和主蔓更新，可不留主干或留极短的主干。南方多雨高温，宜留一定高度的主干；北方冷凉干燥，可不留主干。主蔓由根际发出，数量4～10个不等。一般单篱架4～6个，双篱架8～12个。各主蔓均匀地排列到篱架上，成扇面形。主、侧蔓上适量配置结果母枝，进行中、短梢修剪。

根据枝蔓分布方式，可分为自然高扇面和自然低扇面。前者主蔓在篱架上呈微斜或几乎垂直引缚，结果面积较大；后者主蔓在1～2道铁丝上呈大角度倾斜引缚，其结果面积较小，多用于双篱架栽培（图4-48）。

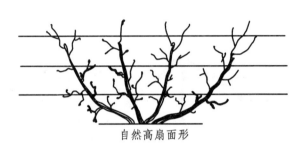
自然高扇面形

自然低扇面形

图4-48　篱架自然扇面形

优选壮苗栽植，剪留5～6个芽，当年从根际选留2～3个强梢，缚于架上。其副梢留2～3片叶摘心，二次副梢也同样处理。8月前后，主梢可达1.5m左右。摘心后可促进成熟。冬季，低扇面形主梢剪留0.7～1m，高扇面形剪留0.9～1.2m。第二年春，引缚于篱架上作为主蔓。当年可发生结果枝，酌情结果。同时，再选留根际新梢，管理同前。根际新梢少时，也可留主蔓的适当分枝作为副蔓来培养。2～3年，主、副蔓基本可选齐。其上着生结果母枝，进行中、短梢修剪。北方葡萄产区宜多留主蔓，不分生副蔓；而南方则相反，可少留主蔓，多留副蔓。

2. 篱架半扇面形　此形适于冬季埋土防寒地区，将主、侧蔓倾斜于一方引于篱架上（图4-49），比自然扇面形的主蔓少些。苗木可直栽或斜栽。在冬春北风或西北风大的地区，主蔓可向南倾斜，有助于减少风害。

3. 篱架自由水平分层形　此形适于不需埋土防寒地区。在2.5m高的单篱架

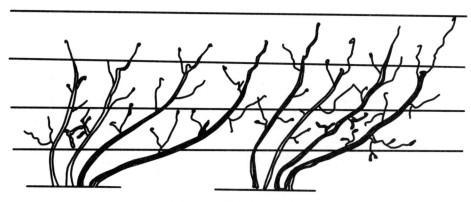

图 4-49　篱架半扇面形

上采用。株距依品种生长势而定，一般 3 ～ 9m。

　　每株自根际选留 3 ～ 5 个直立主蔓，在主蔓上按一定距离分生侧蔓，使其逐层水平绑缚于篱架铁丝上，侧蔓上按一定距离选留侧枝，每个侧枝上再选留结果母枝，每个结果母枝上剪留 3 ～ 4 个芽。该形一般留 3 ～ 4 层，层间距 0.7m 左右（图 4-50）。大树形需 5 ～ 6 年、小树形需 3 ～ 4 年成形。大树形结果面大，空间利用充分，产量相应较高。

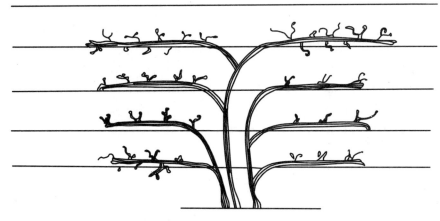

图 4-50　篱架自由水平分层形

　　4. 篱架单方自由水平分层形　该形适于埋土防寒地区。

　　塑造方法与篱架自由水平分层形相同，不同处只是将枝蔓顺一个方向斜引于篱架面上（图 4-51）。由于每株分布面不宽，株距可小些。

二十四、葡萄"高、宽、垂"整形

　　近几十年来，欧洲许多国家（意大利、法国、奥地利、匈牙利、罗马尼亚、保加利亚等）已经从无干和低干葡萄株形过渡到高（干）、宽（行）、垂（梢）栽培模式。其特点是干高 1 ～ 1.6m，行距 3 ～ 4m，新梢自然悬垂生长，葡萄果

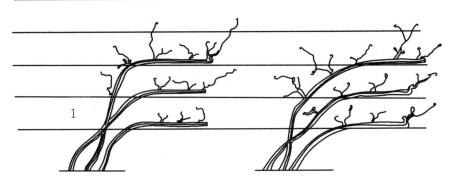

图 4-51　篱架单方自由水平分层形

实在篱架上位置较高。其优点是：产量较高，病害减轻，节约劳力，便于管理，有利于实现机械化。此外，由于株体提高，植株的抗寒性增强，从而扩大不埋土栽培区的范围。高、宽、垂栽培主要在不埋土防寒地区采用，并能充分显示其优越性。

高干高宽垂葡萄株形和架式有双臂龙干形、V 字形、双主蔓双干形、双层双龙干形等 4 种（图 4-52），需 5 年完成。

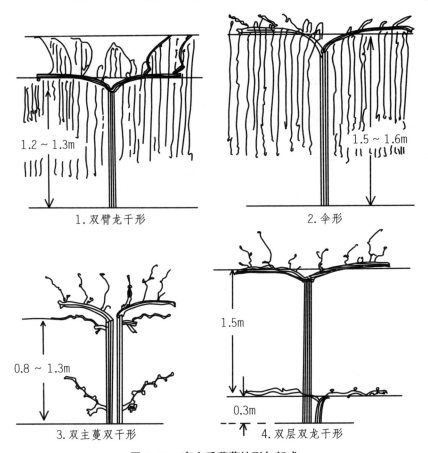

1. 双臂龙干形　　　　　　　　2. 伞形

3. 双主蔓双干形　　　　　　　4. 双层双龙干形

图 4-52　高宽垂葡萄株形与架式

二十五、葡萄高干双臂单干形

该形需设篱架。架1.8m以下，第一层铁丝距地面120cm，第二层距第一层25cm，第三层距第二层30cm。该形有两种塑造方法：

1. 普通法　葡萄苗栽后，剪留2～3个芽，抽梢后，令其自由生长。

第二年春，从抽出的几个新梢中，选好的，剪留2个芽，余者全部疏除。当年发生的两个新梢，垂直缚于木桩和中间支柱上（共绑缚3～4道）。

第三年，选发育最好的新梢作未来的主干。干高120～130cm。当年上部培养4个新梢，选壮的用于以后整形。

第四年春，直接把位于第一道铁丝下的两个新梢各向反方向绑到水平状态，形成双臂，每臂留60～125cm长。同时，在树冠上部、低于分枝10～15cm处，留两个预备枝，以备下年更新老蔓用。

第五年，对水平蔓上的新梢进行短梢修剪。每个臂上留3～4个结果母枝，高度保持在10～15cm，枝组间距20～30cm，该年整形结束。

第六年，修剪方法同第五年（图4-53）。

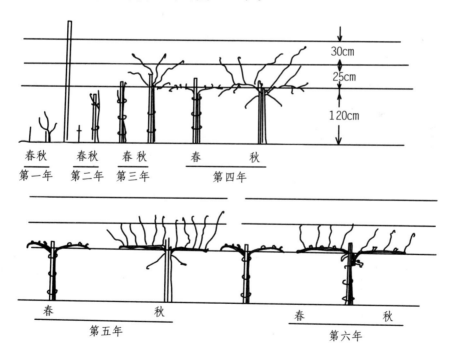

图4-53　高干双臂单干普通法整形过程（根据Г.А.Сарнецкий）

2. 快速法　在当年栽植成活率高、发育好的情况下，可采用此法。即用副梢当主梢的整形法（图4-54）。

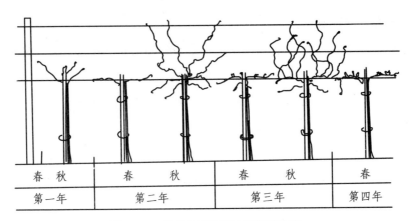

春 秋	春 秋	春 秋	春
第 一 年	第 二 年	第 三 年	第 四 年

图 4-54　葡萄高干双臂快速整形步骤

第二年春，幼株剪留 2 个芽。5 月末，选 1 个强梢留下，余者掰除。随新梢生长直缚于株旁的支柱上，然后再搭到下层铁丝上。6 月，再将新梢缚于水平状态，并于距拐弯处 70～80cm 处摘心，摘后形成副梢，去掉未来主干上的副梢，只保留拐弯处下 10～15cm 处的副梢。生长期末，拐弯处留的副梢和水平部分的副梢长度，乔化品种可达 1m 长。

第三年春，在修剪主梢水平部分的副梢时，间隔一定距离留 1 个，作为着生枝组的短侧枝，再利用 1 个拐弯处的新梢形成第二个臂。根据单干形类型，选垂直的（悬垂式单干形）或水平（水平和斜生单干形）位置的短侧枝。前者去掉下部和侧面的，后者只去掉朝上和朝下的。

第四年，掰除干上的新梢和臂上多余新梢。若发现新梢生长不均衡，对长达 100～120cm 的旺梢要摘心。在每个臂上形成 3 个枝组。在主干双臂分叉下 10～15cm 处，两边各留 1 个新梢作为预备枝。清理干上萌梢，其余剪法同前。整形结束。

二十六、猕猴桃一字形整形

新西兰栽培猕猴桃颇盛，享有较高赞誉，为了把树体培养成适应机械化的树形，大规模猕猴桃园普遍用棚架式栽培，但也有用篱架或 T 字形架式栽培的，原因是篱架产量低，果实品质不一致，篱壁下部的果实采收困难，并粘有泥沙，不耐贮藏；T 字形架式产量虽高，但品质不一致，抗风力弱，等外果（劣质果）多，冬剪容易，但采收费事；棚架产量与 T 字形架差不多，品质一致，冬剪和枝条管理较费事，但采收方便，效率高，病虫害轻。

棚架栽培以一字形为宜。由于枝条衰弱，因而主枝数宜少，两个主枝呈一字形水平伸展，每隔60cm留1个侧枝，交互排列，以便于回缩。

幼树只留1根蔓作第一主枝，距棚30cm左右弯曲，达到棚上再引直。在弯曲处，留1个副梢作第二主枝。为了平衡树势，第一主枝与第二主枝按7∶3修剪，防止枝条衰弱。及时抹除主干及棚上60cm以内的副梢，用摘心法控制第二主枝的生长势，保持树势平衡。

二十七、宅旁园艺和盆栽果树

庭院和宅旁园艺树形有篱壁形、拱门形等。还有充分利用屋、墙热量的贴墙栽培，特别是近年城镇化速度加快，别墅、高楼、菜园、果园大量出现，人们为了享受生活，丰富业余爱好，宅旁园艺和盆栽园艺受到普遍关注，许多家庭喜欢盆栽果树，既可观花、观树，又能品尝美味水果。在盆栽果树中，大部分为自然形，没有预先设计，树形混乱，但总有些花、果在树上，也有一定的观赏价值，如果按设计树形去精心管理盆栽或宅旁果树，其艺术观赏性会大大提高。

（一）宅旁园艺

随城乡人民生活水平的提高，宅旁庭院园艺正走进人们的生活，让房层周围、庭院中的果树，不但能生产美味的水果，而且还具有艺术造型，赏心悦目。这方面，我们搜集了一些较好树形供参用。

1. 单株造型

（1）高脚杯形　参见彩图1-55。

（2）松塔形　参见彩图2-4、彩图2-7。

（3）苹果圆帽披散形　参见彩图1-52。

（4）多层拱形　参见彩图1-33。

（5）梨树盘状整枝　参见彩图1-54。

（6）苹果树整成"怒发冲天"扇形　参见彩图1-51。

（7）苹果树整成"心"形树形　参见彩图1-53。

（8）苹果树小冠疏层形丰产状　参见彩图2-9。

（9）水平枝多层扇形　参见彩图1-4。

（10）苹果树水平枝扇形整枝　参见彩图1-13。

（11）折叠式扇形　参见彩图1-31。

2. 依建筑物造型

（1）金冠苹果树顺墙分布整成矮墙式水平扇形树墙　参见彩图1-25。

（2）梨附墙水平枝篱壁形　参见彩图1-9。

（3）果树顺墙分布整成斜枝枝扇形　参见彩图1-26。

（4）观赏海棠顺墙分布斜生枝扇式篱壁形　参见彩图1-12。

（5）观赏苹果顺墙分布整成水平枝篱壁形　参见彩图1-17。

（6）梨顺墙整成"孔雀开屏形"，甚是美观　参见彩图1-22。

（7）将梨整成顺房墙分布的多层水平枝扇形　参见彩图1-14。

（8）将梨顺墙壁整成多层水平枝扇形　参见彩图1-16。

（9）将梨顺墙壁整成芭蕉扇形　参见彩图1-22。

（10）将海棠顺墙壁整成分层水平枝扇形　参见彩图1-23。

（11）将梨顺墙壁整成斜主枝扇形　参见彩图1-20。

（12）海棠篱壁式水平枝篱壁形　参见彩图1-6。

（13）苹果树顺房山墙整成多层式水平枝扇形　参见彩图1-18。

（14）海棠顺墙整成多层水平枝扇形　参见彩图1-24。

（15）梨顺墙整成多层水平枝扇形　参见彩图1-21。

（16）网格化篱壁式整枝　参见彩图1-2、彩图1-3。

（17）顺墙壁整成多分主枝扇形　参见彩图1-20。

（18）顺墙分布苹果双U字扇形　参见彩图1-19。

3. 依支架绑缚

（1）梨按双主枝网格式整枝，形成篱笆墙　参见彩图1-2、彩图1-3。

（2）苹果树水平枝扇形冬剪前多年生树枝组丰满　参见彩图1-18。

（3）苹果矮砧密植园　参见彩图2-16。

（4）苹果矮砧密植园形成较密树墙　参见彩图2-5。

（5）梨双U字扇形　参见彩图1-29。

（6）4年生主干形烟富8号苹果树结果状　参见彩图2-4。

（7）苹果倒人字形墙　参见彩图1-28。

（8）苹果树整成拱形长廊　参见彩图1-34。

（9）门前搭成拱形棚架，可遮阴乘凉　参见彩图1-33。

（10）洋梨拱形棚架，搭成拱门形　参见彩图1-38。

（11）苹果树搭成拱形棚架在甬道上　参见彩图1-41。

（12）梨整成宽拱门形　参见彩图1-42。

（13）果树整成拱门形　参见彩图1-36。

（14）梨高方门形　参见彩图1-39。

（15）梨树枝爬满拱架，花开如雪　参见彩图1-35。

（二）苹果观光园及庭院宅旁塑形

苹果树在盆栽条件下，生长量小，树体紧凑，枝干粗壮。生产效率比露地栽培提高1倍左右。春季花开满树，由粉转白，婀娜多姿；夏季绿叶青翠，闪闪发光，充满青春活力；秋季硕果累累，五颜六色，甜香适口，回味无穷，给人神仙般的享受。在苹果盆栽方面，尽管历史久远，但规模经营稀缺。近年，随着人民生活水平的提高，盆栽苹果有了广阔的市场，发展势头迅猛，经济效益成倍增长。辽宁省辽中县李保田、李晓春父子在盆栽苹果上做出了重要贡献，其盆栽寒富苹果远销广东、新疆、黑龙江等十余省市，并建起了示范基地，盆栽苹果亩产值3万元以上。盆栽苹果已成为一个新产业，成为当地生产的亮点。

1. 自然形　在采用双矮（短枝型品种＋矮化砧木）苗木的基础上，运用盆栽技术，培育的植株矮小紧凑，生长量小，正常开花结果，在不加人为干预的情况下，可以形成形状各异的自然形（图4-55、图4-56）。

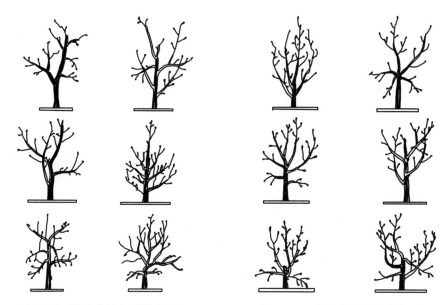

图4-55　苹果盆景自然形（1）　　　　图4-56　苹果盆景自然形（2）

2. 机械人工形　盆景，实际上是人类智慧在盆栽果树上的艺术体现，可以按人们的艺术造型，把果树整成千姿百态，供人欣赏。这里，仅介绍部分的树形艺术供试用。在整形过程中，可参照本书有关树形塑造方法。

（1）U字形系列　图4-57。

（2）弯干扇形系列　图4-58。

（3）直干系列　图4-59。

（4）开心系列　图4-60。

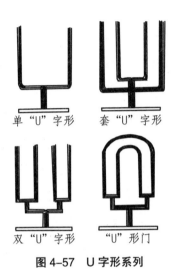

单"U"字形　　套"U"字形

双"U"字形　　"U"形门

图4-57　U字形系列

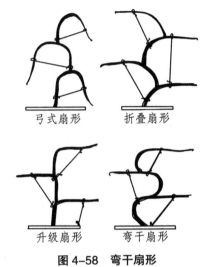

弓式扇形　　折叠扇形

升级扇形　　弯干扇形

图4-58　弯干扇形

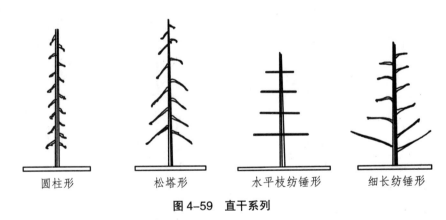

圆柱形　　　松塔形　　　水平枝纺锤形　　细长纺锤形

图4-59　直干系列

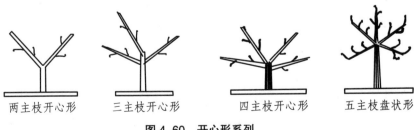

两主枝开心形　　三主枝开心形　　四主枝开心形　　五主枝盘状形

图4-60　开心形系列

（5）交叉形系列　图4-61。

（6）交接形系列　图4-62。

（7）扇形系列　图4-63。

（8）综合系列　图4-64。

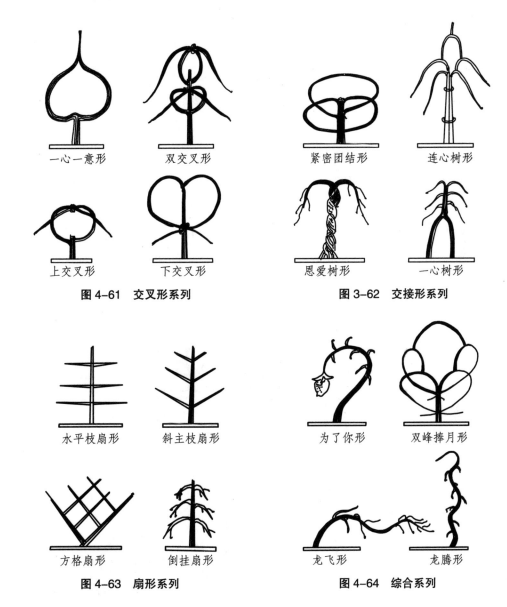

一心一意形　　双交叉形　　　紧密团结形　　连心树形

上交叉形　　　下交叉形　　　恩爱树形　　　一心树形

图4-61　交叉形系列　　　　**图3-62　交接形系列**

水平枝扇形　　斜主枝扇形　　　为了你形　　双峰捧月形

方格扇形　　　倒挂扇形　　　龙飞形　　　龙腾形

图4-63　扇形系列　　　　　**图4-64　综合系列**

（三）葡萄观光园及庭院宅旁塑形

盆栽葡萄适合普通家庭，由于株体小，可作室内点缀，也可在阳台摆放，更可作宅旁园艺。盆栽葡萄有多种树形，这里重点介绍如下：

1. 丛生形　适于盆栽，供艺术欣赏。

（1）树体结构　全株培养3个主蔓,每个主蔓上留若干个结果枝,分布均匀。

（2）塑造方法　取壮苗入盆,苗干留10cm左右剪截。萌芽后,留上部芽抽生的3个新梢,将来培养成3个主蔓,其余芽均抹除。当新梢展叶9～12片时,留8～9片叶摘心。以后抽出的副梢,顶端的留4～5片摘心,其余副梢留1～2片叶摘心。冬季,各枝留6～7个芽剪截,成翌年的结果母枝。

第二年春萌芽后,每个结果母枝上留2个花穗的结果枝(新梢)。冬季,将生长良好的成熟新梢留5～6个芽短截,作单枝更新。为避免结果部位外移和下部枝蔓秃裸,可在多年生枝蔓下部,利用隐芽抽生的新梢培养成预备枝,翌年回缩更新(图4-65)。

2. 披发形

（1）树体结构　培养一个直立的单主干(主蔓),长50～100cm,以便形成直立骨架。在主蔓顶部留3～5个向四周均匀分布的结果母枝,构成牢固直立的结果环节。在每个结果母枝上留6～8个结果新梢,令其自然下垂;或在立柱上端加一直径30cm左右的铁圈,将新梢绑在圈上,向下披垂(图4-66)。

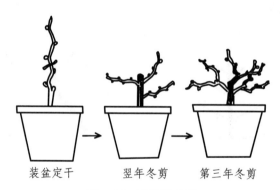

装盆定干　　翌年冬剪　　第三年冬剪

图4-65　葡萄丛生形

栽后定干　　当年冬剪　　翌年冬剪　　秋季结果状

图4-66　葡萄披发形

（2）塑造方法　幼苗装盆后，苗干留10cm左右剪截。春季萌芽后，只留顶端1个壮梢，其余抹去。以后，令其直立生长，高达50cm以上时，进行摘心，摘心口以下的相邻的3～5个副梢，留5～6片叶摘心，其余副梢均留1～2片叶摘心。冬剪时，上部3～5个副梢各留4～5个芽剪，作为结果母枝，其余副梢均剪除。

第二年春萌芽后，主蔓顶部的3～5个结果母枝视其强弱，各留1～2个强枝作为结果新梢，其余抹去。在支架支持下，让结果新梢自然下垂。冬剪，对各结果环节进行双枝更新，以保持较小的株体。

3. 扇面形

（1）树体结构　培养一个长达60～80cm的直立主蔓，主蔓上留6～8个结果母枝，每结果母枝上各留2~3个节剪截。发枝后随时引缚上架，成为一个扇面形。其优点是：结果部位相对稳定，产量高，透光好，适于生产性栽培（图4-67）。

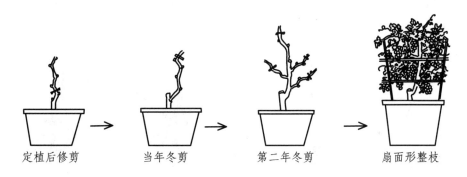

定植后修剪　　当年冬剪　　第二年冬剪　　扇面形整枝

图6-67　葡萄扇面形整枝

（2）塑造方法　壮苗装盆后，苗干剪留10cm左右。春季抽梢后，只选顶端1个新梢，留5～6片叶摘心，促发副梢。对副梢仅留1～2片叶摘心。同时，将主梢摘心口的副梢抹除，逼冬芽萌发，冬芽抽枝后，再留5～6片叶摘心，以后，仍将摘心口的副梢抹除，其下副梢仍留1～2片叶摘心。如此往复摘心处理，有利于主蔓加粗和花芽分化。冬剪时，主梢留7～8个芽剪截，副梢全部疏除。

第二年春萌芽后，留3～4个有花序的新梢，掰除瘦弱的新梢。所留新梢均在5～6节处摘心，抹除顶端副梢，逼冬芽萌发，其下的副梢仍留1～2片叶摘心，方法同上。冬剪时，在顶部选1个成熟新梢，剪留6～7个芽作主蔓延长，其余新梢，视其强弱，进行短梢修剪，留1～3个芽作为结果母枝。

第三年，全株结果新梢可达8个以上，株高控制在1～1.5m，结果新梢不超过12个，以保持正常的生长和结果。

4. **龙腾形** 选壮苗装盆，定干留2～3个芽，当年着重培养一个高80～120cm的主干。副梢留1～2片叶摘心，冬剪时，留成熟的主蔓部分，在架面上呈多曲状引缚，在适当部位选留结果母枝。母枝剪留2～3个芽，发枝后绑到架面上（图4-68）。

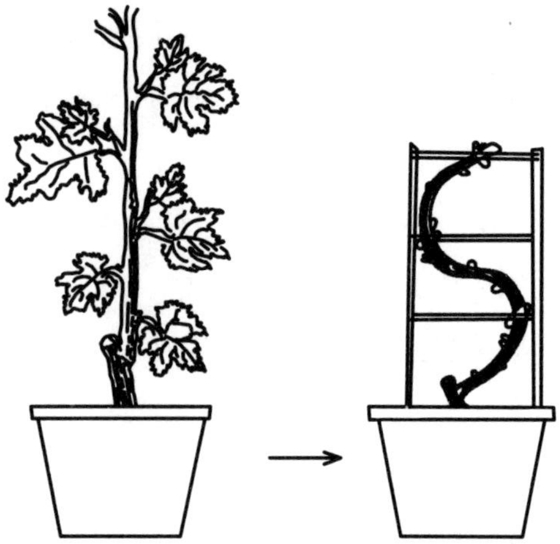

5. **螺旋形**

（1）树体结构 整株仅培养1个主蔓，令其盘旋上升，其上留若干结果母枝，形成上小下大的塔形或锥形（图4-69）。

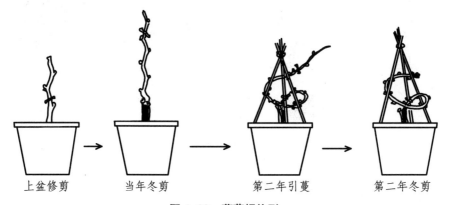

夏季副梢 主蔓弯曲上架
留1～2片叶摘心

图4-68 葡萄龙腾形

上盆修剪 → 当年冬剪 → 第二年引蔓 → 第二年冬剪

图4-69 葡萄螺旋形

（2）塑造方法 定植当年，只留1个新梢，其余抹除，当新梢长达50cm时，进行摘心。摘心口下萌发的副梢留4～5片叶摘心，其余副梢均留1～2片叶摘心。冬季，将该新梢培养的主蔓，剪留40～50cm，环绕盆中立的三脚架或螺旋状铁丝框盘旋向上。

第二年春，萌芽抽梢后，留3～4个结果新梢，均匀分布于架面上，新梢与副梢均需摘心处理。冬季，顶端的一个强结果母枝剪留30cm左右，以延长主蔓，其余结果母枝留2～3芽短截。第三年，全株以留6～8个结果新梢为宜，以后不再延伸，保持株体稳定，值得注意的是，当主蔓转弱时，及时留好根蘖，用它更新主蔓。

6. 单臂形

（1）树体结构　全株仅留1个主蔓，在盆的一侧悬垂。该形适于悬崖式盆栽选型。

（2）塑造方法　选壮苗上盆，主干留15cm左右剪。春季萌芽后，其上只留1个壮芽抽梢，培养为主蔓，其余芽全抹除。夏季新梢、副梢管理同丛生形。冬剪时，主蔓剪留6～8个芽，用绳将主蔓拉倒，与主干呈75°～90°。第二年春萌芽时，选留间隔均匀的3个带花穗的新梢，余者抹除。冬剪时，将顶端强结果母枝进行中梢（留4～6个芽）修剪，断续延伸，中、下部的3个结果母枝进行短梢修剪，每年进行双枝更新（图4-70）。

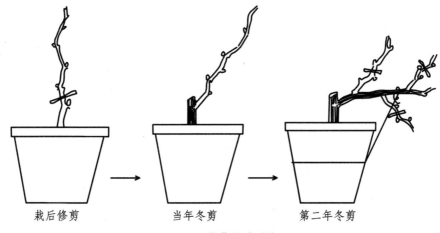

栽后修剪　　　　当年冬剪　　　　第二年冬剪

图4-70　葡萄单臂形整形

7. 龙干形　这种树形适合栽植容器大、植株生长旺盛的葡萄品种。根据环境条件及树势强弱，可整成一条龙（独龙杠）形、扇形、双龙形、三条龙形、多条龙形。塑造方法可参考葡萄树形（图4-71）。

8. 漏斗形　该形适合栽植容器大、树势旺的品种。每盆留3～4个主蔓，均匀分布于漏斗形支架上。每个蔓上留2～3个结果母枝，全树留8～10个结果新梢，每年行双枝更新，确保结果适量、株体稳定（图4-72）。

9. 拱门形　利用两个相邻的窗前阳台，将两盆葡萄植株搭接在一起，成拱形，颇为雅致，既能遮阴，又有美感（图4-73）。

10. 庭院葡萄架式　树形庭院葡萄栽培是增加收益、美化生活的重要途径，河北省卢龙县庭院葡萄栽培普遍，已经成为当地经济新的增长点。家家院落面

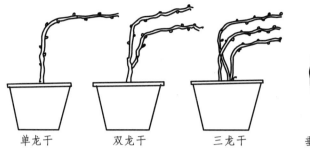

单龙干　　　双龙干　　　三龙干　　　垂直扇面形　多V字形

图 4-71　葡萄盆栽龙干形

图 4-72　葡萄盆栽漏斗形　　　　　　图 4-73　葡萄盆栽拱门形

积不等，但都能充分利用空间和阳光，其至让葡萄架在房顶上，既遮阴、降温，又有一定的经济收入。庭院葡萄可根据面积、方向、葡萄品种等情况，具体规划，选用最适宜的架式和树形。具体架式有下列几种：

（1）平顶凉棚架　这种架式适用于小面积、品种不多的庭院种植。架高2.5m左右，庭院四周每隔2m立一等高的支柱（木质、金属、石质、水泥均可）。其上纵横架设木杆或竹竿，作为承重骨架。其上再纵横设小竹竿或8～10号铁丝，成边长30～40cm的方格。葡萄上架后，将枝蔓均匀地布满架面，形成一个平顶绿叶遮阴凉棚（图4-74A）。

（2）独龙游泳架　这种架适于面积较大（院内有甬道）、品种较多的庭院。架高2.5m，架面宽1.5～2.0m，其走向随庭院的布局或甬道的位置而弯曲延伸。当葡萄植株长到架面高后，将枝蔓顺势均匀引缚于架面上，并使其随架面走向蜿蜒伸展，逐渐整成像巨龙游泳的形状（图4-74B）。

（3）二龙守门架　这种架适于面积较大的庭院，大门对着正房开的，葡萄分别栽在房门前的两侧。架高2.5m左右，架面宽1～1.5m，分别顺墙立架。葡萄搭上架面后，将枝蔓向棚架后面均匀引缚，使龙尾向后延伸，龙头转向大门，构成二龙守门势（图4-74C）。若大门在侧面或不在正中，两株葡萄之间还可栽一株石榴（在当地能栽活）或枇杷，把石榴或枇杷整成圆头形，以构成二龙戏珠状（图4-74D），别有情趣。

（4）孔雀开屏架　这种架适于长方形庭院。

在庭院侧面的中段地上，距墙脚1.5m栽1株或几株（穴栽）葡萄，然后顺墙斜栽两根支柱，下端距墙脚70cm，上端搭在墙上，柱上每隔45～50cm横拉一道铁丝，葡萄上架后，将枝蔓呈放射状引缚于铁丝上，构成"孔雀开屏"式图案（图4-74E）。

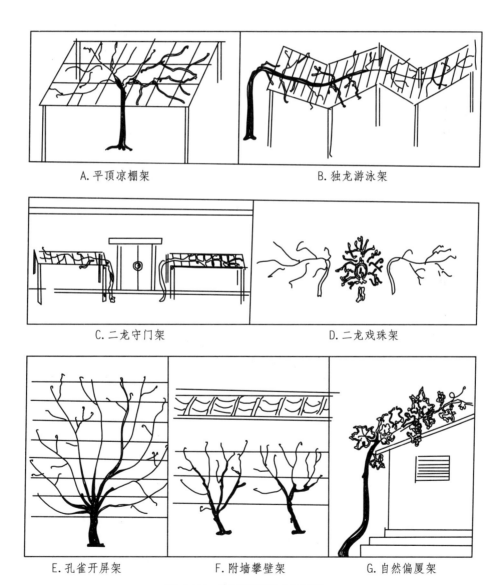

A. 平顶凉棚架　　　　　　　　　　B. 独龙游泳架

C. 二龙守门架　　　　　　　　　　D. 二龙戏珠架

E. 孔雀开屏架　　　F. 附墙攀壁架　　　G. 自然偏厦架

图4-74　庭院葡萄架式与树形

（5）附墙攀壁架　为了充分利用墙壁的反射热，在墙的南面，距墙0.6～1.0m处，栽几株或一行葡萄。挨墙竖支柱，其上再横绑竹竿或铁丝，使枝蔓沿墙脚附墙而上，形成一堵葡萄墙。由于墙的反射热，葡萄提早成熟7～10天（图4-74F）。

（6）自然偏厦架　它可充分利用院内空间，庭院内搭有柴棚、鸡舍、猪圈等偏厦，可将葡萄栽在偏厦的墙角下，让其顺墙爬上偏厦，利用偏厦屋顶作架面，让枝蔓均匀地分布其上，即构成这种"自然偏厦架"（图4-74G）。

第五章 生产园稀植大冠树形与塑造方法

在近代果树生产上，大冠树形因进入丰产期较晚，栽培应用越来越少；但一些城市郊区、旅游景点，因该树形一旦成形，具有树下空间面积大的明显优势，可作为农家乐及养殖场所利用，因此，逐渐又受到具有特殊用途者的青睐。

一、主干疏层形

20 世纪 50 ~ 90 年代该树形在我国应用最广，面积最大，许多苹果产区都把它当作稀植条件下的丰产树形或推广树形，在生产上起了一定的作用，随着苹果密植的兴起，生产上应用渐少，逐步让位于中、小冠树形。

（一）树体结构

有中央领导干，干高 50 ~ 70cm，全树 5 ~ 7 个主枝，分 2 ~ 4 层排列。主枝由下而上各层排列数目是 3-2-1。

1. 主枝分布与排列　主枝在中央领导干上排列有 7 种形式：邻近式、邻接式、错落较远式、六主枝二层式、六主枝三层式、七主枝二层式、七主枝三层式（图 5-1）。

第一层留 3 个主枝，方位角各 120°。其排列方式有邻近式、邻接式和错落较远式 3 种形式，以后者为好，可防止中央领导干的掐脖现象。第二层留 1 ~ 2 个主枝，分插于第一层主枝间，但不要朝南，以免影响内膛光照。第三层以上，每层只留 1 个主枝，最顶上那层主枝比较小，其上部那段中央领导干，要在盛果期去除，故也称"主干疏层延迟开心形"（图 5-1）。

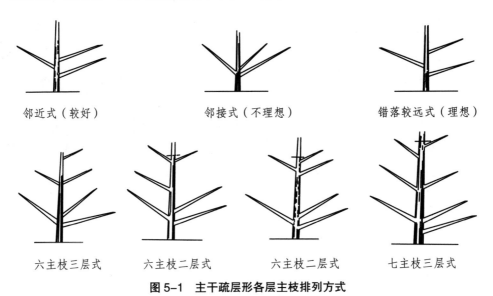

邻近式（较好）　　　邻接式（不理想）　　　错落较远式（理想）

六主枝三层式　　六主枝二层式　　六主枝二层式　　七主枝三层式

图 5-1　主干疏层形各层主枝排列方式

2. 层内距　第一层 20 ~ 40cm，第二层 20cm 左右，以上各层仅 1 个主枝，转圈插空配置。

3. 层间距　第一层至第二层间距 80 ~ 100cm，第二层以上各层间距 60 ~ 70cm。

4. 主枝角度　第一层主枝基角 50° ~ 60°，腰角 70° ~ 80°，梢角 60° 左右，

第二层以上主枝基角渐小，但不小于45°。

（二）侧枝数量与排列

1. 侧枝数量　第一层每个主枝上留3～4个侧枝，第二层每个主枝上留1～2个侧枝，第三层每个主枝上留1个侧枝，最上层主枝上不留侧枝，其本身只是一个大枝组。

2. 侧枝排布　第一侧枝距主枝基部50～70cm，第二侧枝在另一侧，距第一侧枝50～60cm，第三侧枝距第二侧枝60～80cm，在第一侧同侧，各层主枝上侧枝顺序排列，奇数、偶数各一边（图5-2），侧枝开张角度要比主枝大10°～15°，以保持良好的主从关系。

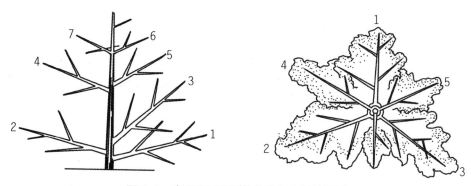

图5-2　主干疏层形树体结构与主侧枝配置

注：图中数字代表主枝顺序

3. 枝组分布　在骨干枝上，由于空间较大，各类枝组均有一定的配置空间。一般盛果期树，大枝组占枝组总量的15%～20%，中枝组占20%～25%，小枝组占55%～65%。大约每米骨干枝上平均有10个左右枝组，其中，斜生、下垂者占一半以上（图5-3）。

4. 叶幕层厚度　由于树冠高大，叶幕层厚度在3m左右，上下层间要有60～80cm空隙，各主枝叶幕层厚度在50～60cm，以维持良好的光照条件（图5-4）。

（三）塑造方法

1. 幼树期（定植至初果期）　树龄1～6年生。该期主要任务是整好形、长好树，为丰产奠定基础。

（1）栽后（以春栽为例）定干　成枝力强的品种（金冠、红富士、嘎拉等），采用一次定干法，成枝力弱的品种（国光、短枝型品种等）采用二次定干法。

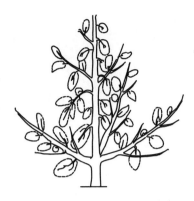

图 5-3 主干疏层形枝组分布

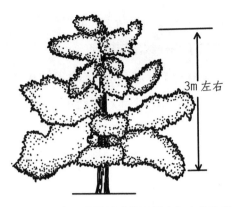

图 5-4 主干疏层形叶幕层厚度与光照条件

苗壮的高定干，留高 100cm 以上，苗弱的留 70～80cm，剪口芽留在迎风面。上部留出 10～20cm 的整形带，以期当年发出 5～8 个新梢，供选基部主枝用。整形带以下，不留枝梢，生长期间抹除全部萌芽。

二次定干法，即第一次定干高度为 60～80cm，比规定的定干高度多留 10cm，待发芽后，将多留的一段剪除，以促进侧芽萌发抽枝。但用刻芽或应用农药发枝素处理技术，可促进下位芽萌发，也可以不用二次定干法。

（2）定植当年（第一年）的修剪

A. 生长季修剪。注意随时抹除整形带下的萌芽，夏季对竞争枝梢或摘心或秋季拉枝（图 5-5）。

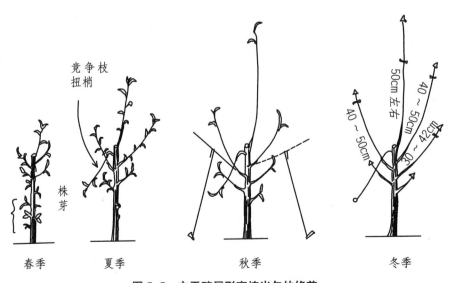

图 5-5 主干疏层形定植当年的修剪

92

B. 冬季修剪。在整形带内的 1 年生长枝中，选位置居中、生长直立、强壮者，作为中央领导枝，在饱满芽处剪留 50 ～ 60cm，剪口第三、第四芽留在出第三主枝的方向，必要时，可刻芽促枝。在侧枝中，在饱满芽处留 30 ～ 50cm 短截，剪口芽留外芽。其余枝轻剪长放，作为辅养枝处理。

（3）定植后第二年的修剪

A. 夏秋剪。对竞争枝进行扭梢、摘心，控其长势；对辅养枝要拉开角度（用拉枝器拉、绳拉、挂塑料袋坠枝等），以缓势促花。

B. 冬剪。在第三主枝以上 80 ～ 100cm 处剪截中央领导干，剪口第三、第四芽留在出第二层主枝的方向。基部三个主枝要选定好。其层内距 20 ～ 40cm，方位角均为 120°左右。主枝在离中央领导干 60 ～ 70cm 处剪截，剪口第三芽留在出第一侧枝的位置（背斜侧最好）。除不能利用的徒长枝外，余者大部分保留，作辅养枝用。长放、拉枝、环割，有助于成花、结果（图 5-6）。

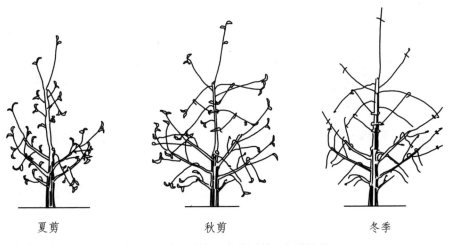

夏剪　　　　　　　　　秋剪　　　　　　　　　冬季

图 5-6　主干疏层形定植后第二年的修剪

（4）栽后第三至第五年的修剪

A. 夏剪同前两年。注意疏除徒长枝，控制好竞争枝，拉好辅养枝，促进成花结果。

B. 中央领导干。每年升高 50 ～ 60cm，剪口第三、第四芽留在出下层主枝的方向；同时，要保证中央领导干的优势。在特殊情况下，如竞争枝位置好，势力又强于原头，则用其代替，而将原头弯下或去除。

C. 主枝。各层主枝每年剪留 40 ～ 50cm，按整形要求，选好剪口背斜侧方向的第三、第四芽，以便抽出理想侧枝。

D. 侧枝。同层侧枝，要奇数、偶数各一边，交互排列，上下错开，有利于通风透光。同时，注意侧枝分布的角度，不要小于主枝，保持一定的从属关系。

E. 辅养枝。对辅养枝坚持轻剪长放，拉枝到位，辅以环割、扭梢手术，必要时，全树喷布 PBO（华叶牌），以促花结果。为进入初果期作准备（图5-7、图5-8、图5-9）。

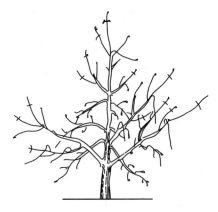

图5-7　主干疏层形定植后第三年的修剪

图5-8　主干疏层形定植后第四年的修剪

图5-9　主干疏层形定植后第五年的修剪

2. 初果期整形技术　此期树龄在7～12年。整形任务是继续选留和培养各级骨干枝，形成坚固骨架，迅速扩大树冠，基本完成整形工作。

（1）夏剪　对骨干枝的竞争枝及时进行摘心或扭梢，以利用其结果；对辅养枝，可根据枝条密度和妨碍骨干枝的程度，酌情回缩或疏除一部分。

（2）冬剪　各级骨干枝的延长枝在40cm左右处短截，注意开张角度，保持骨干枝间的正常从属关系；中央领导干的生长势要强于主枝，主枝强于侧枝，下层稍强于上层；中央领导干要高于主枝，主枝高于侧枝。此外，还要维持同层、同级主、侧枝势力的平衡。若枝量和生长势相差悬殊，可用抑强扶弱法加以调整。对竞争枝和徒长枝，要严加控制。如遇骨干枝头势力弱、方向不好或受伤时，也可用较好的竞争枝取代原头。

在培养出最上部一个主枝后（12年生左右），留根枝或在有三杈枝的地方落头。落头高度在4m左右。同时，要严格控制顶上主枝的枝量和角度，避免上强和过分遮阴，对影响各级骨干枝的辅养枝，要分情况进行缩小、回缩或疏除，以利树冠通风透光、骨架牢固。

3. 盛果期整塑技术 此期树的骨架已定，个别有问题者，做局部调整。冬剪时，一般延长头留30cm左右，主、侧枝间还应维持应有的从属关系，上、下层间要保持相对平衡关系，同时开张各层主枝腰角；上层40°～50°，中层60°～70°，下层70°～80°。当树高达到或超过5m，层次达3～5层时，要及时落头到3m左右，确保冠内光照。

（四）树形评价

该树形轮廓是低干、矮冠，呈大半圆形，树高和冠径在4～5m。

1. 优点 骨架庞大、牢固。前期修剪量重，结果部位多，单株产量高。

2. 缺点 开始结果晚（栽后5～6年），树冠高大，内膛光照不良，果品质量差，树体管理不便，大小年结果现象突出，只适于稀植栽培。

专家提醒

在生产上该树形应用越来越少，只宜在特定情况下采用。

二、十字形

该树形是对主干疏层形的一种改进。辽宁南部、山东烟台等苹果产区，20世纪50～80年代均有采用。其他果树应用较少。

（一）树体结构

干高50～70cm，有中央领导干，主枝4或6个，层次2～3层，每层2个主枝是对生，上下两层主枝呈十字形，生产上有六大主枝十字形和四大主枝十字形（图5-10、5-11）。

（二）整形技术

1. 层内距 第一、第二层均为30～40cm，以上均为30～60cm。

2. 层间距 第一、第二层相距80～120cm，第二、第三层相距60～70cm。

3. 侧枝排列 第一层每个主枝上有3～4个侧枝，第二层每个主枝上有2～3个侧枝，第三层以上每个主枝上有1～2个小侧枝。各主枝的第一侧枝距基部30～40cm，第二侧枝距第一侧枝50～60cm，第三侧枝距第二侧枝60～80cm，第四侧枝距第三侧枝30～40cm，各侧枝要左右排开，奇偶各一边。

中央领导干上，层间留长期辅养枝2～4个，每个主枝上留1～2个，以增

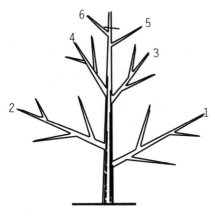

图 5-10　六大主枝十字形树冠

注：图中数字代表主枝顺序

图 5-11　四大主枝十字形树冠

注：图中数字代表主枝顺序

加早、中期产量，5～6年完成整形任务，初果末或盛果初期落头开心到第二、三层主枝上，以根本改善树冠光照。

（三）树形评价

1. 通风透光好　由于主枝数少，冠内通风透光好，有利于立体结果。

2. 早实丰产　由于主枝形成早，长期辅养枝多，侧枝出现早，可以允许"把门侧"，因此，有利于早结果、早丰产。

3. 造型容易　因为全树主枝少而错落，不易出现中央领导干掐脖现象。主侧枝选留比较容易，技术要求没有主干疏层形复杂。

4. 适于山地栽培　山地梯田较窄，基部两大主枝可顺梯田走向分布，方便作业。

5. 果品质量好　盛果期树枝量不大，冠内受光好，果品产量和质量不低于主干疏层形。

三、变则主干形

此形也是由主干疏层形改进而来的，属大冠树形（图5-12）。

（一）树体结构

有中央领导干，干高0.7～1m，主枝数3～6个，主枝基角45°～50°，主枝间距50～60cm,树高4m左右，5～6

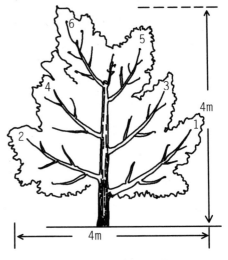

图 5-12　变则主干形树体结构

年成形。

（二）塑造方法

苗木定植后，在1m高处定干，从剪口下发出的4～6个强梢中，选顶部位置居中、强壮直立的作为中央领导干的延长枝，疏除竞争枝，在距中央领导干延长梢15cm以上的部位，选2～3个主枝预备枝，这些枝间距在15cm左右，基角45°～50°。冬剪时，中央领导干延长头只剪去全长的1/4左右，其余枝长放或轻打头，以调节强弱。

第二年春，在中央领导头下方再选2个主枝预备枝，如觉得重叠或太密，可疏除其中1～2个，每年新留2～3个主枝预备枝，最后可达7～9个。以后分数年陆续疏除不宜长期保留的主枝预备枝，一般一年剪去一个，或三年剪去两个，5～6年树高达4m左右，顶上留一枝，对中央领导干进行落头开心（图5-13）。

图5-13 变则主干形鸟瞰图

四、麦肯齐式主干形

这种树形适用于（4～5）m×（3~6）m的栽植距离。

树体结构

该树形要求树高3.6～4.2m，冠幅3～3.6m。4个主枝呈十字形。第一层距地面90cm，第一到第二层间距60～90cm，第二到第三层间距60cm以上。各层主枝上下不重叠，按行向配置2个主枝，其上一层主枝也留2个，与下层呈直角。第一、第二层主枝以50°角引缚；下部主枝越大，上部主枝越小，保持圆锥形树冠。在主枝上直接培养枝组，不培养大的分枝，主枝发枝角度大，主枝长度不能超过2m（图5-14）。

五、多主枝自然形

该树形适于梨等稀植果树栽培，最适于直立性强、成枝力低、树冠较小的品种，如大多数日本梨品种。

（一）树体结构

干高60～80cm，有明显的中央领导干，主枝自然分层，一般3～4层，各

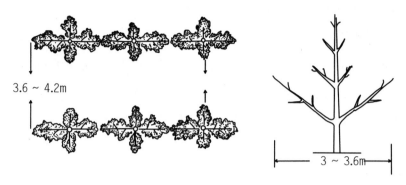

图5-14 麦肯齐式主干形整形

层间距50～60cm，第一层留3～4个主枝，第二层留1～2个主枝，第三层也留1～2个主枝。各层主枝自然分布，以上、下层主枝互不重叠为宜，各主枝上自然分生侧枝，最后形成一个圆头形树冠。进入盛果期后，由于枝条茂密，冠内光照条件差，结果质量下降，因此，可去掉顶部，形成开心形树冠（图5-15）。

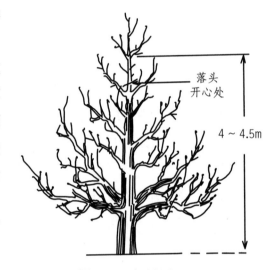

图5-15 多主枝自然形

（二）树形评价

该树形成形自然、造形容易、修剪量轻、成形快、结果早、有利幼树早期丰产，是北方老梨区常见树形之一。

六、开心自然形

该形属于大冠树形。

（一）树体结构

第一层留3～4个主枝，第二层留2～3个主枝，合理分布于各个方向，避免重叠和拥挤。对层内距要求不严格。

第一、第二层层间距80cm左右，三层以上，各层留1～2个主枝，至7～8年生时，对中央领导干甩放或落头。

一般每个主枝上留2～3个外侧或背斜侧枝，选留方法近乎自然。盛果期树，进行重落头，全树只留6～7个主枝（仅留第一、第二层枝），树冠呈开心自然形。

树高 3 ~ 3.5m，冠高小于冠径，形似伞头，有些树冠近乎龙爪槐式树形。

（二）塑造方法

如图 5-16、图 5-17 所示。

七、自然圆头形

该形也叫自然半圆头形，多用于柑橘类常绿果树，适于树冠较矮、枝条生长较弱、无明显中央领导干的树种，如温州蜜柑、蕉柑、本地早、南丰蜜橘、金橘类和金柑等。塑造方法是：

1. **第一年**　栽后在 45 ~ 50cm 处定干，萌芽后，抹除主干上距地面 30cm 内的所有萌芽、嫩梢。在整形带内，及早抹除或疏除过密嫩芽和嫩梢，只保留 3 ~ 4 个预留主枝。

2. **第二年**　在整形带内，选留 3 个分布均匀的主枝，两枝间距 7 ~ 10cm。春季，

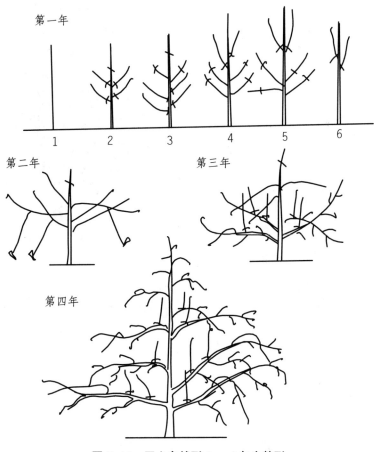

图 5-16　开心自然形 1 ~ 4 年生整形

（1 ~ 6 为不同类型苗木处理）

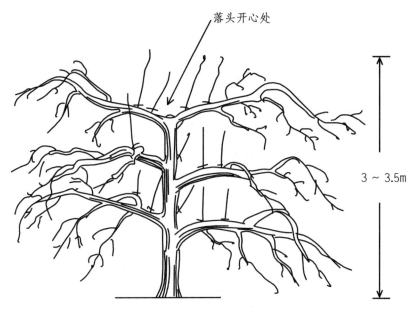

落头开心处

3～3.5m

图 5-17　开心自然形落头后

将主枝剪去 1/3 长度或先端纤细部分，使之延长生长。夏剪时，在每个主枝上，离主干 33cm 处，留 1 个外侧枝，其余过密者加以疏除。

3. 第三年　在每个主枝上，距第一侧枝 25cm 处，在第一侧枝另一侧，选留第二侧枝。全树将有 6～9 个侧枝。

7～8 年可完成整形任务（图 5-18）。

图 5-18　自然圆头形树冠

八、多主枝丛状半圆形

该形适于较稀的栽植密度（如 6m×6m、6m×7m），属大中冠树形。在土质疏松、肥水较好的果园表现较好，在河北省晋洲市东里庄乡马庄果园采用此形取得了早实丰产，其造形简易，易于推广。

（一）树体结构

干高 70cm 左右，以适应长放树骨架软、易下垂的特点。成形后树高不超过 4m，控制在 3m 左右，落头高度在 2.5m 左右。主、侧枝采用长放法逐渐培养出来，一般有 7～9 个主枝，侧枝 7～10 个，且主要集中在下层，形成一个上小下大的树冠轮廓。其优点是成形快、结果早、前期产量高，有利于控制上强。

随树龄增加、产量提高和树冠扩大，主、侧枝数逐渐减少，主枝基角 50°

左右，腰角60°左右，主枝长度2m左右，干枝比3∶1左右，全树长放枝组占90%以上，短轴枝组很少。8～9年生树单株枝量有3000～5000个，其中70%～80%分布在第一层，其余在第二层内。在总枝量中，结果枝占1/3，发育枝占2/3，60%～70%的果实分布在第一层。

总之，此树形具有中干、矮冠、多主少侧的特点，且集中在基部第一层，呈丛状形，基角小，近乎自然，长放枝结果，枝条分布上少下多，树冠上小下大，以后逐步改造成单层一心（中央领导干上直接着生枝组）的丛状形（图5-19）。

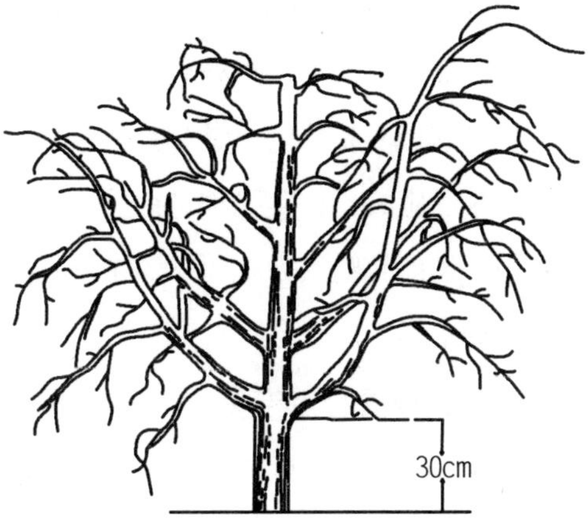

图5-19　多主枝丛状半圆形

（二）塑造方法

1. 栽后　定干高度1.2～1.3m，树干上距地面30cm内不要留枝。在发生的枝条中，去瘪芽弱枝，留壮枝、壮芽，摘除秋梢，促生壮枝。

2. 3～5年生树　很少疏枝，采用长放、捋枝修剪法。除过密、直立徒长枝稍加处理外，基本不疏、不截，全部甩放，尤其基部多留枝，控制中心主枝，防止上强，用各种方法开张基角小的大枝。

3. 6～8年生树　要注意疏剪个别密挤大枝，回缩个别长放枝，控制中央领导头，去除直立壮枝，留斜生枝。中央领导干落头高度2.5m左右。选留永久性主枝7～8个，侧枝数目因树、因枝而定，本着疏密留稀、下部多留、上部少留、错落着生、不必分层的原则安排，随树龄增长，主、侧枝数目还要进一步减少，以改善下层光照，最后建成单层一心的丛状形。

九、层梯形

该树形适于有中央领导干的苹果、梨等落叶果树。至今，美国均沿用此形。常绿果树枇杷也常用此形。主枝在中央领导干上一般分上、下两层排列，但也有多层的。每层有主枝4～5个，层间距50～70cm（图5-20）。

该树形符合苹果、梨、枇杷等果树的自然特性，造形容易，且有一定的层间距，利于立体结果。缺点是：每层主枝数多，长大后易造成中央领导干"掐脖"现象，同时，各层主枝轮生，相互距离小，结合不牢，容易折断或劈裂。

十、"5+4"形

干高 50 ~ 60cm，第一层 5 个主枝，第一、二层层间距 51cm，第二层 4 个主枝，树高 3 ~ 4m，不超过 4.5m。要求 4 年成形，修剪量很轻，结合夏剪，促进早成形、早结果。结果树主要以疏剪为主。这种简易修剪法是与其良好的土、肥、水条件相适应的。在美国加利福尼亚州该树形有所应用。树形和塑造方法可参考主干疏层形和后面介绍的塔形。

图 5-20 层梯形树冠

十一、槽式扇形变体

这种树形适于宽行稀植（行株距：8m×6m、8m×5m、8m×4m）的仁果类果园。

随着果树进入盛果期，多削弱更新生长，剪除中央领导干。此后，在 2 ~ 2.5m 高处，将单生枝顺行拉向两侧，形成水槽状，树冠主枝呈 45° ~ 60° 朝向行间。为限制留下来的顺行枝的生长，几乎可把它拉向水平状态。

修剪时，要定期进行，拉倒外围直立枝，疏剪顺槽的树冠，并用转主换头法转到下垂枝上。将树冠改造为槽式扇形，可在任何年龄进行，但以初果期前进行为好。

这种树形的缺点是外围叶幕太密。为改善光照，一级枝（即主枝）应限制在 4 ~ 5 个，株间树冠留出半米光路。改造后的树形可参考上述各种树形。

十二、塔形

该树形适于甜橙类、柚类。

（一）树体结构

有较明显的中心主枝，主枝较多（6 ~ 7 个），成层分布，一般有三层枝，树冠较高，随主枝的生长和延伸，其上选留 2 ~ 3 个左右错开，向外斜生的侧枝，侧枝间距 45cm 左右。树冠下部枝条开张，上部依次渐短，形成塔形树冠（图 5-21）。

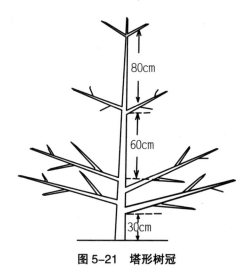

图 5-21 塔形树冠

（二）塑造方法

苗木栽后，于60cm处定干。萌芽后，选留顶部生长健壮的枝条作中心主枝，使其垂直向上生长。主干高30～40cm，第二年，在中心主枝上选留生长健壮、分布均匀的3～4个枝条作为主枝，形成第一层，抹除其他新梢。当中心主枝继续生长，距第一层60cm左右时，选留第五或第六个主枝，形成第二层。再距第二层80cm处，留第七个主枝，然后短截中心主枝，控制树高。

随着主枝的延伸，在其左右选留向外斜生的侧枝，侧枝间距45cm左右。丰产树以三层塔形、共6～7个主枝为好。

十三、意大利扇形（斜主枝棕榈叶扇形）

该树形在意大利等西欧一些国家得到广泛发展，构成果树集约栽培的基础，适用于苹果、梨、桃等树种。

（一）树体结构

干高0.4～0.7m，树高2.5～4.5m。乔砧和半矮砧果树树冠3～4层，矮砧果树4～6层。每层均为两个主枝，顺行对生。层内距5～10cm，主枝上配备侧枝和果枝。树冠下部厚度：苹果2.5～3.0m，楷梓砧梨0.6～1.0m，乔化梨1.5m（图5-22）。因品种、树种和砧木不同，其适用的株行距及层距也不一样（表5-1）。

（二）树形评价

该树形的优点是：利用乔砧和矮砧的，盛果期年限可长达40～50年；进入结果期早，实生砧一般栽后4～5年结果；半矮砧3～4年结果，树冠小，产量高，适于密植。

表5-1　意大利扇形整枝的适宜株行距和层距

树种	砧穗组合	砧木	行距（m）	株距（m）	层距（m）
苹果	乔化	实生，MM109	5～5.5	5.5～6.0	1.2～1.3
	半乔化	实生，MM109	5～5.5	5～5.5	1.1～1.2
	短枝型	实生，MM109	4.0	2.5～3.0	0.6～0.7
	乔化	M119.M4	4.5～5	4.5～5.0	0.9～1.0
	半乔化	M104.MM111	4～4.5	4～4.5	0.8～0.9
	乔化	MM106，M7	4～4.5	3.5～4	0.8～0.9
	半乔化	MM106，M7	4～4.5	3～3.5	0.7～0.8

树种	砧穗组合	砧木	行距（m）	株距（m）	层距（m）
梨	乔化	实生	4.0 ~ 4.5	4.0 ~ 4.5	0.9 ~ 1.0
	半乔化	实生	4.0 ~ 4.5	3.5 ~ 4.0	0.8 ~ 0.9
	乔化	榅桲	3.5	2.5 ~ 3.0	0.6 ~ 0.7
	半乔化	榅桲	3.5	2.0 ~ 2.5	0.5 ~ 0.6
	短枝型	榅桲	3.0 ~ 3.5	1.5 ~ 2.0	0.5

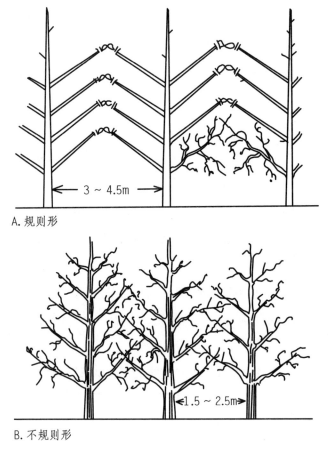

A. 规则形

B. 不规则形

图 5-22　意大利扇形

（三）塑造方法

根据砧木情况，1 年生苗在 60 ~ 80cm 处定干，疏除下部萌蘖。5 月初，当嫩梢不超过 10cm 时，进行剪梢，疏除中央领导干下的 1 ~ 3 个竞争梢和树干部位全部新梢，短截过的侧枝只留一延长梢，6 月底至 7 月形成第一层枝，选留第一层两个主枝和中央领导枝，其余新梢全部拉成水平。主枝延长梢生长应该较旺，基角 45°，层内距 5 ~ 10cm，如果角度太小，可利用伸向行间的新梢。

第二年春，中央领导干延长枝要在比第二层高 5 ~ 10cm 处短截，各层间距大体一致。如中央领导干延长头高度不够，或短于 15cm，则不需短截，下垂枝在年痕处剪。5 月在新梢不超过 8 ~ 10cm 时，剪除中央领导干延长枝下的 1 ~ 3 个竞争枝以及主枝背上的直主枝。

6 月末至 7 月初，形成第二层，在第二层处，选留 3 个旺梢，上面的作为中央领导干的延长梢，下面的两个作为第二层主枝。中央领导干上的其余旺梢尽可能拉平，第一层主枝上的内膛直立枝也要拉成水平。

第三年和以后几年，形成第三层和其余各层。此后，春季，中央领导干延长枝的短截部位要高于层距 5 ~ 10cm，对中央领导干和主枝延长枝的竞争枝及部分主枝上的内膛直立徒长枝都在年痕处修剪。在层间和下层主枝上进行适量疏枝。生长期间疏除竞争性和内膛直立新梢，以上各层按第一层处理。

采用此形中央领导干及主枝末端易形成花芽，自第二年生开始，直至整形完成，都在疏除枝头 40cm 一段的花、果，以保证各延长头的健壮生长。

进行扇形整枝，主要是及时利用角度调整骨干枝的生长势。旺枝开张角度大以缓和生长，弱枝抬高角度或枝芽刻伤以增强其势力。不管层次多少，苹果树主枝角度大体在 45° ~ 50°，梨树 45°，桃树近 60°。苹果、梨树的基部主枝是在第二生长期末、桃树在第一生长期开始调整角度。主枝间生长不平衡，不要同时开张角度，一般基部强主枝是在第二生长期末；或冬剪和第三生长期之初；弱主枝是在第三生长期间进行调整。为了使骨干枝有一定角度，行内需设支柱，用铁丝拉好、固定。

最后一层形成后，中央领导干延长头不短截，任其生长，1 ~ 2 年后，在最后一层主枝以上 60 ~ 80cm、2 ~ 3 年生部位弱分枝处落头开心。5 ~ 6 年完成整形工作。整形期内，每年修剪量减到最低程度。竞争枝和膛内徒长枝剪留年痕处，疏除部分生长在主枝及层间的小侧枝，以后这种疏枝还要加强。首先是主枝上部的，然后是主枝下部的，最后要疏除部分小侧枝及老弱果枝。如侧枝伸向行间太长，可适度回缩，以控制树冠厚度。同时还要疏除过低的下垂枝。对长度超过 1.5m 的结果枝进行缩剪，对衰老的果枝要及时更新（图 5-23）。

十四、垂直扇形

这种树形有三主枝垂直扇形和五主枝垂直扇形，前者树高 5 ~ 5.5m，后者

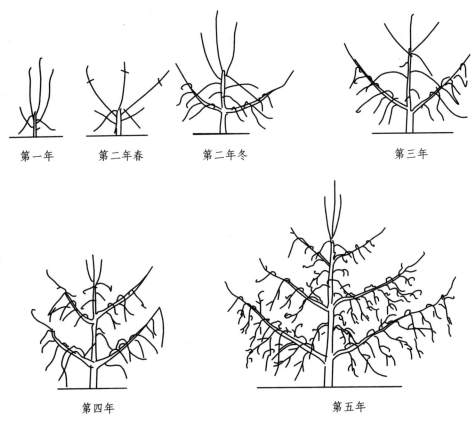

| 第一年 | 第二年春 | 第二年冬 | 第三年 |

| 第四年 | 第五年 |

图 5-23　意大利规则扇形整形过程

树高 4.5 ~ 5m。前者栽植株距为 3 ~ 3.5m，后者栽植株距为 4 ~ 4.5m（图 5-24）。

选用 2 年生营养苗，除中央领导干和两个主枝外，所有的枝条均留 2 个芽短截，主枝顺行分布，将第一层斜生主枝引缚于邻近树上，侧生枝弯下，短截行间枝。垂直主枝上大部分侧枝都比较开张，在骨干枝上很少形成徒长枝。如有徒长枝，

图 5-24　垂直扇形

经2～3年长放结果后而变成斜生下垂枝。垂直主枝有利于机械修剪和采收。树大后，相邻树主枝有一定交叉，中央领导干上因拉枝而形成搭桥式交接，构成一堵致密的树墙，它无须设立支柱。

十五、三挺身形

此树形主、侧枝数量较少，通风透光好，整形容易，骨架牢固，比较丰产，适于苹果、梨不开张品种。

在干高30～40cm以上处，分生3个主枝，每个主枝与中央领导干延长线呈30°～35°角。每个主枝下部留3～4个外侧枝。与主干延长线呈70°～80°，主枝上部留内生侧枝2～3个（即大枝组）。三挺身形主枝角度开张到30°以内，否则大树时易成盘状形。为防止背上冒条，要注意下层外侧枝的利用，以提高早期产量（图5-25）。

图5-25 三挺身形

十六、桃树三挺身形

该树形是北京市平谷区大华山镇后北宫村大桃研究会理事长、农艺师岳长文提出并应用于生产的一种新树形。此形早成形、早丰产、抗衰老。3年生树冠径可达3m，亩产可达1 000kg，12年生大树亩产可达3 000kg。

主干高40～60cm，全树留3个大主枝，通过拉枝，向外展开，基角为50°，梢角45°。侧枝9～12个，每个主枝上留3～4个侧枝，把侧枝拉到水平状态，距地面70～80cm。在主、侧枝剪口下，选留大、中枝组（图5-26）。

图5-26 桃树三挺身形

十七、两主枝自然开心形

自然开心形有两主枝自然开心形、三主枝自然开心形和六主枝自然开心形三种。前两种树形较适于地下水位较高、光照差、树体小、栽植密度大的桃园。六主枝自然开心形最先是在北京出现，由八一桃园赵江淮师傅首创，后来，笔者在陕西省宝鸡市天王镇天王村应用推广，取得满意效果，三种树形均适于在桃树上应用。两主枝自然开心形适于宽行密植栽培，结构简单，容易成形（图5-27），两主枝伸向行间，一般行距在4～5m，株距2m左右，树冠厚度1.5～2m。

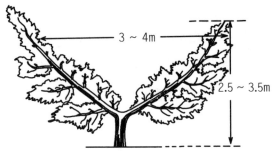

图5-27　两主枝自然开心形

十八、三主枝自然开心形

该树形是多年来我国桃产区推广的主要树形。

定干高度60～75cm，栽植当年夏季选出3个主枝，主枝间距25～30cm，呈三角形。分枝角度由下而上逐渐变小：基部第一主枝60°～70°，第二主枝50°左右，第三主枝30°左右。三主枝的梢角由下而上也逐渐变小：第一主枝30°，第二主枝20°，第三主枝10°。每个主枝上配置3个侧枝。这种树形主枝较少。光照也较好，容易控制上强（图5-28）。

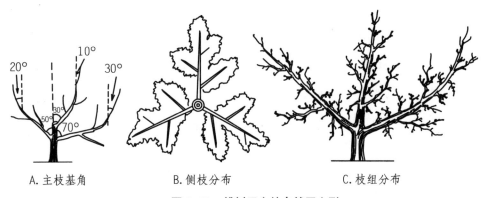

A.主枝基角　　　　B.侧枝分布　　　　C.枝组分布

图5-28　桃树三主枝自然开心形

十九、六主枝自然开心形

定干高度60～66cm。一级主枝由主干上邻近或邻接的芽长出，其中，选方向合适的3个芽，其间夹角120°左右。第二年，在一级主枝上，剪留50cm长左右，剪口下选侧芽（左右两个方向）作为二级主枝，这样一分为二，全树形成六大主枝。这六大主枝要在高度、生长势、角度、枝量等保持相对一致。

在一级主枝上，第三、第四芽留外侧芽，以形成外侧枝，全树留2～3个外侧枝；第二层侧枝着生在三级主枝上，每个主枝上1个，全树共5～6个；第三层侧枝着生在第五级主枝上，全树也是留5～6个，各层侧枝方向一致。奇、偶数各一边，相互距离约1m，互不遮光，不影响生长和结果。各级主枝的侧枝数可灵活增减，视空间而定。整形完成时，全树侧枝总数12～15个（图5-29）。

枝组着生在主、侧枝上，五级主枝以上不再分生侧枝，主要配置枝组。枝组可分大、中、小三种。大枝组长度为60～80cm，中枝组50cm左右，小枝组30cm左右；注意内膛只配置中、小枝组，全树以中、小枝组为主（图5-30）。

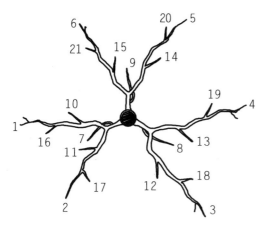

注：1-6主枝，7-9外侧枝，10-15第一层侧枝，16-21第二层侧枝。

图5-29　六主枝自然开心形侧枝分布

图5-30　六主枝自然开心形枝组分布

该树形的优点是：①改善了树冠上、下的光照条件和营养分配，防止下部空枝、秃裸。②固定了主、侧枝数，主枝少，养分供应集中，修剪伤口少，剪量小，果实品质好。③塑造方法容易掌握，盛果期主、侧枝结果较多，一般不需要支柱顶撑主、侧枝和吊枝，只要做好冬剪，就能达到理想的效果。④早实丰产，一般在定植后3年结果，4～6年进入初果期。

二十、桃树自然形、副梢扇形、放射扇形和横Y形

在意大利，为节省用工，要求一个劳动力管理5～10hm² 果园。桃树上提倡用自然形，即不修剪的纺锤形，或副梢扇形代替过去的各种杯状树形（图5-31）。在意大利加工用粘核桃则推广放射扇形和横Y形（图5-32）。这种树形冠体大，要比杯状形栽得稀些（表5-2）。

二十一、二股四杈形

该树形也适于桃树整形。它占用空间小，受光面积较大，树冠呈大开心状，宜采用宽行窄株栽植方式。

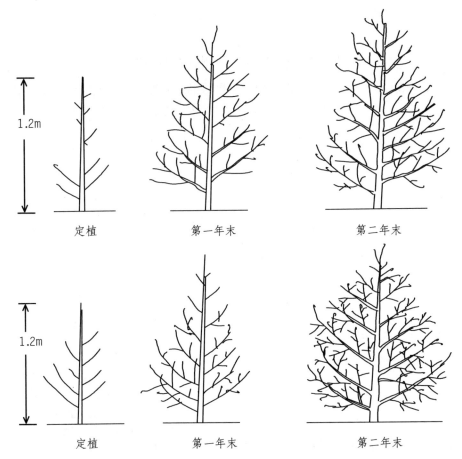

定植　　　　　　第一年末　　　　　　第二年末

定植　　　　　　第一年末　　　　　　第二年末

图5-31　桃自然纺锤形（上）与副梢扇形（下）

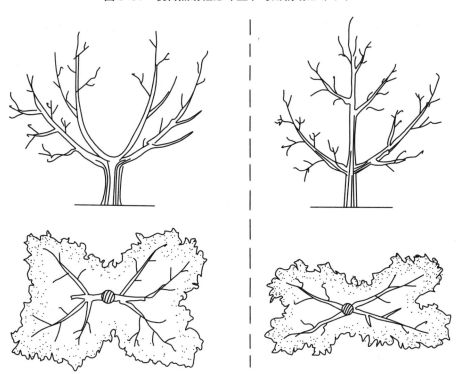

图5-32　桃树横Y形（左）、放射扇形（右）

表 5-2　桃树定植密度和不同树形的关系

（据 S.sansavini 资料整理）

行株距（m）树形 树势	改良杯状形	副梢扇形	自然形
树势强	5.5×5.0	5.0×5.0	5.0×4.5
树势中	5.0×4.5	4.5×4.5	4.5×4.0
树势弱	4.5×4.0	4.0×3.5	4.0×3.0

（一）树体结构

干高 50 ～ 60cm，基部分生两个主枝（称股），每个主枝再分生两个二级主枝（称杈），全树只留 2 股 4 杈（图 5-33）。两股留长 60 ～ 70cm，开张角度 50° ～ 60°。

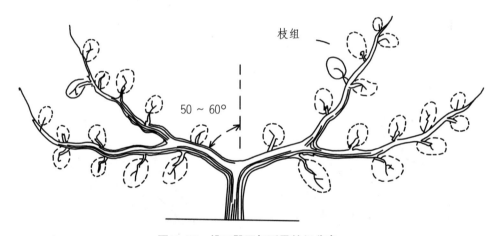

图 5-33　桃二股四杈形及枝组分布

（二）塑造方法

1. **主枝选留**　定植当年，定干高度 50 ～ 60cm，同年选留两个方向相反、生长势相近、分生角度在 50° ～ 60° 的枝条，作为基部的两大主枝，即"二股"。在冬剪时，二股均剪留 60 ～ 70cm，因其角度、生长势、树膛内通风透光情况而定。两股留得长、角度大，有利于改善内膛通风透光条件和缓和生长势；留得短、角度小，易生强枝，影响树膛光照。每一股再左右分生两个主枝（或称"四杈"），四杈枝的生长势要均衡。调整的方法是：强枝短剪，以弱枝芽代头，缓和生长势；相反，弱枝宜适当长留，以饱满芽代头，促进生长。待其达到 2m 左右时，再以弱枝、芽代头，控制生长势，不再延伸。整形完成时，树高 2m 左右，有利于田间作业。

2. **枝组配置** 全树以中、小枝组为主，适当配备大枝组。中、小枝组占80%以上，这样可使营养分散，枝组中庸、健壮，枝组间生长势相近。盛果期单株枝组总数为100～150个，果枝总数保持在600个左右，株产可达60～80kg。枝组过长、过密易造成树冠郁闭缺光、死枝严重，光秃带拉长；相反，枝组太小，日灼严重，产量下降。具体修剪方法可参照六主枝自然开心形。

二十二、Y字形

该树形适于宽行密植，行距4～5m、株距2m左右比较合适。

主干高40cm左右，无中央领导干，在主干上分生两个对生的较大主枝，斜向行间，与垂线呈45°，形似Y字。主枝直线或小弯曲延伸，在其基部背后或外侧可留1～2个侧枝，其中，上部不配侧枝，只留枝组，树冠规范紧凑，操作方便。成形后，树高不超过3m，冠厚不超过2.5m。树冠伸向行间较长，宽度一般为3m左右，栽后4～5年成形。树冠通风透光好，果实品质高，便于各项田间作业（图5-34）。

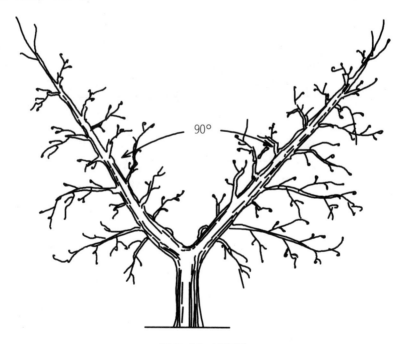

图5-34 Y字形

第六章 生产园密植中小冠树形与塑造方法

进入21世纪以来,矮化密植栽培迅速兴起,中、小冠树形应运而生。由于矮化密植树形具有速丰、省工、优质、高效的特点,该技术在果区迅速得到普及推广。

进入 21 世纪以来，由于果树矮化密植的兴起，各种中、小冠树形陆续出现并应用于生产，树形仍然呈现多样化的特点。

一、简易疏层形

该树形适于生长旺、极性强的梨品种密植栽培。

干高 30 ~ 40cm，在中央领导干上着生 5 ~ 7 个主枝，分 2 ~ 3 层排列。第一层 3 个主枝，第二层 2 个，第三层 1 个。排列方式同主干疏层形，但层间距缩小，第一、第二层层间距 80cm 左右，第二、第三层层间距 60cm 左右。主枝开张角度 50° ~ 60°。第一层每个主枝上配备 3 个侧枝，第二层每个主枝上配备 2 个侧枝，第三层每个主枝上只有 1 个侧枝。侧枝间距 50cm。为了使树冠更加矮小，一般只留第一、第二层，不要侧枝，主枝上直接着生各类枝组。这种树形适于中等栽植密度，具体塑造方法可参考主干疏层形（图 6-1）。

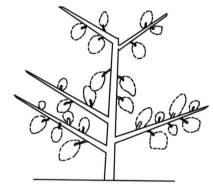

图 6-1　简易疏层形

二、小冠疏层形

该树形是由大冠主干疏层形改造而来的，适于中密度栽植和短枝型品种。栽植株行距为（3m×3m）~（2.5m×3m），盛果期株产一般在 50 ~ 70kg，如山东省烟台市果树研究所许凤生的短枝型品种烟青园，采用这种树形，取得了早产高产稳产，栽植面积 1.33 亩（1 亩≈667m²），行株距 3m×2.5m，亩栽 89 株；栽后第二年见果，第三年亩产 200.3kg，第四年亩产 985kg，第五年 2 889.2kg，第六年 5 826.3kg，第七年 6 110.4kg，第八年 6 790.4kg，第九年 5 561.9kg，第十年 5 163.4kg。10 年累计亩产 33 476.6kg，平均每年亩产 3 347.7kg。

1. **树体结构**　干高 30 ~ 40cm，全树 5 ~ 6 个主枝，有中央领导干，主枝在中央领导干上分层排列。第一层 3 个，第二层 1 ~ 2 个，第三层 1 个。第一、第二层层间距 70 ~ 80cm，第二、第三层层间距 50 ~ 60cm。层内距 10 ~ 20cm，基部主枝邻接、邻近均可。

2. **侧枝配置**　第一层主枝上各留 2 个侧枝，第一侧枝距主干 20cm 左右，或者留"出门侧"，第二侧枝在第一侧枝对面，相距 15 ~ 20cm。第二层以上的主枝上不留侧枝，直接配备各类枝组。

成形后，树高2.5m左右，冠径2.5m左右，树冠呈扁圆形，冠形指数0.8左右（图6-2）。

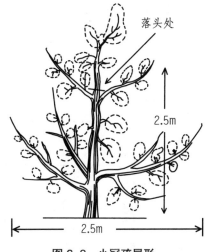

图6-2　小冠疏层形

三、小冠开心形

该树形是北京市昌平区中日友好观光果园示范基地张显川和张文和等经10余年不懈探索、实践，将日本乔砧苹果大冠开心形引进、消化、吸收，根据北京生态条件，与中国密植早果丰产技术高度融合后，研究成功的一种实用新树形。该树形对解决当前我国苹果园个体郁闭、群体密接问题，生产优质高档苹果具有重大的现实意义，也是降低成本、简化管理、提高经济效益的有效途径之一。现已在陕西、山西、甘肃、辽宁、河北、河南等地推广，取得了良好的生产效果，值得广大果农和技术员因地制宜地参考应用。

（一）树形优点

树冠光照好，花芽饱满，果实品质好，优质果率高，果面充分着色，叶片光合效率高（内膛无寄生叶），技术简单易学，推广快，连年稳产，壮树长寿，可因势利导，调节树势，便于田间授粉、疏花、疏果、套袋、打药等作业（图6-3）。

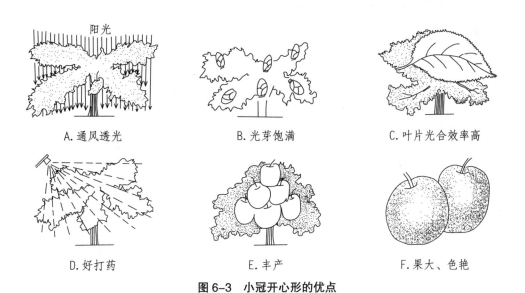

A.通风透光　　　　B.光芽饱满　　　　C.叶片光合效率高

D.好打药　　　　E.丰产　　　　F.果大、色艳

图6-3　小冠开心形的优点

（二）树体结构

按树干高矮，可区分为高干、中干和矮干 3 种开心形。在一般气候和平地、土壤肥沃条件下，多用中干开心形（图6-4）。

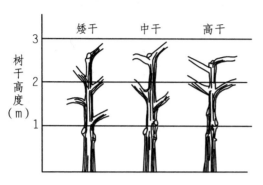

图6-4 小冠开心形树干种类

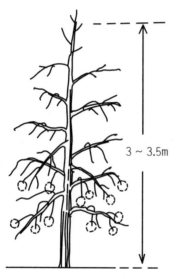

图6-5 小冠开心形的主干形阶段（4年生）

（三）开心形种类

在生产上，最终选定哪种类型的树形，要因砧－穗组合、立地条件、栽植密度和栽植方式等而定，但多选中干四主枝开心形较多。随树体扩大，有的四主枝可以过渡到三主枝或二主枝开心形（图6-5）。

（四）整形过程与树体结构演变

该树形要经历主干形、变则主干形和开心形三个阶段。树形演变是一个动态变化过程，树体从小变大，又从大变小；中央领导干从有到无，树干高度由低变高，树冠由高变矮，主枝由多变少，也是边整形、边结果的动态过程。

1. **主干形阶段** 1～4 年生树，任务是培养中央领导干、预备主枝和辅养枝。4 年生时，全树有 10 个左右主枝，不分层次，其中预备主枝有 4～5 个，树冠中、下部辅养枝已开始结果，树高 3～3.5m，树冠呈圆锥形（图6-5）。

2. **变则主干形阶段** 4～7 年生树，主要任务是落头开心，逐渐减少辅养枝，突出主枝的作用，产量也由辅养枝逐渐向主枝转移，树冠形状由圆锥形变为扁圆形（图6-6、图6-7）。

3. **完成开心形阶段** 7～10 年生树，主要任务是完善树形，培养松散下垂立体枝组，使树冠进一步变扁为扁圆形或伞形，产量进入盛果期阶段（图6-8）。

4. **树冠轮廓** 树体改造完成后，干高 1.2～1.5m，树干加中央领导干总高度

A.四主枝开心形　　B.三主枝开心形　　C.二主枝开心形

图 6-6　小冠开心形种类

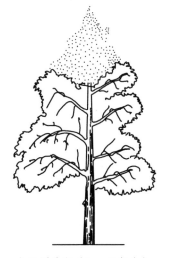

主干形阶段（4～7年生）

图 6-7　小冠开心形的变则

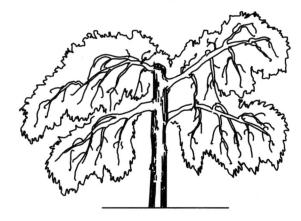

开心形阶段（7～10年生）

图 6-8　小冠开心形的完成

为 2～2.5m，主枝剩下 2～4 个，具体数量因其空间大小而定（图 6-9）。

最后，树冠呈大开心状，冠幅较大，适于（4～5）m×（5～6）m 的株行距。全园树冠覆盖率达到 70% 左右。冬剪后，每亩留枝量为 4.5 万～6.5 万条，叶面积系数为 2.5～3.5，树冠通风透光，辅以精细管理技术，优质果率可达 60% 以上。

5. 主枝角度　主枝角度大小，因其着生部位高低而定。着生部位高者，角度开张大些；反之，可小些。一般着生角度变化在 60°～80°（图 6-10）。

6. 主枝上侧枝与枝组的分布　为了改善树冠光照，不留大侧枝，只留几个小侧枝或大枝组。侧枝间距要大些（图 6-11）。

117

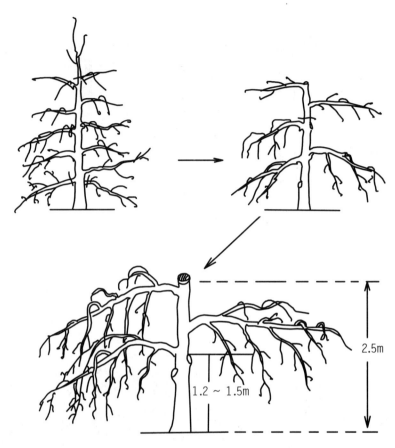

图 6-9　小冠开心形改造完成后轮廓

2.5m

1.2～1.5m

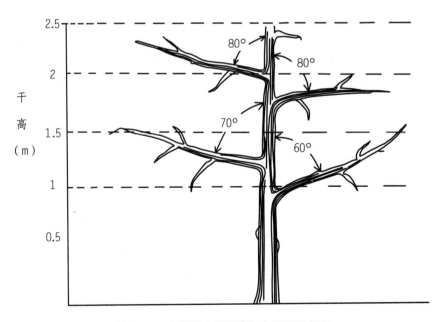

图 6-10　小冠开心形干高与主枝开张角度

干
高
（m）

80°

80°

70°

60°

2.5

2

1.5

1

0.5

7. 枝组类型 主要类型为中、大枝组，为了果形端正高桩，尽量培养成单轴细长、松散下垂状态（图6-12）。

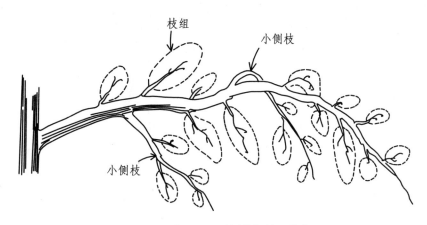

图6-11 小冠开心形侧枝与枝组分布

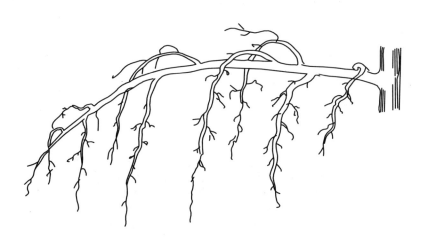

图6-12 小冠开心形中、大枝组状态

8. 枝组结果状 单轴长放枝结果成串，多为下垂果，果个大，果形高桩，着色艳丽，着色面积在80%以上，果面光洁，优质果率较高（图6-13）。

9. 树体结构特点

☞ 主枝少，不重叠，不交叉。

☞ 叶幕层厚度适宜，单层，透光好。

☞ 枝组以单轴、细长、松散、下垂型为主。

☞ 树体结构简单，只有不高的主干、主枝和枝组三级，便于各项田间作业。

☞ 树体结构可因树体状况灵活调整，自由变动。

图 6-13　小冠开心形枝组结果状

（五）塑造方法

1. 选定适宜的栽植密度　随树体扩大，其单株营养面积不断增加，如北京地区，以八棱海棠为砧木的红富士树，采用小冠开心形，单株占地 30m² 左右；而在海拔高、干旱地区，树体相对较小，单株占地面积 20 ~ 25m²。为取得早期丰产，可采用计划密植法，即定植时，密度大些，中、后期间伐，成为上述密度。如在北京地区，先按 3 ~ 5m 栽植，单株营养面积 15m²，个体、群体光照良好，管理方便，品质改善（图 6-14）。

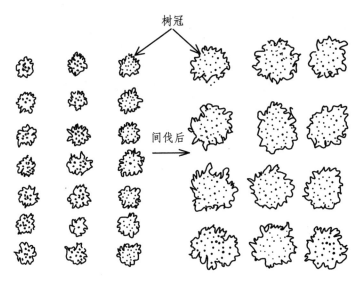

图 6-14　小冠开心形计划密植

2. 调控有关参数　在土壤有机质含量 0.8% ~ 1.2%、枝叶覆盖度 15% 左右的情况下，以每亩产量 1 500 ~ 3 500kg 为目标，冬剪后，亩留枝量 5 万 ~ 7 万条，夏季叶面积系数 2.5 ~ 3.5，叶片数 60 万 ~ 90 万片。若管理水平高，亩枝量达 7

万条，亩产可达 3 500kg 以上，并易于稳产。

（六）控冠

1. **提干**　整形期间，要逐渐提高树干高度，简称提干。以缓和树势，抑制扩冠，保持树体相对稳定，并有利于各项田间操作（图 6-15A）。

2. **落头**　在达到规定主枝数后，于适当高度落头，以改善树冠光照，提高劳动效率（图 6-15B）。

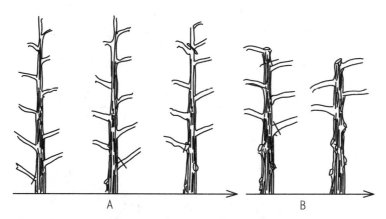

图 6-15　小冠开心形提干与落头

3. **环剥**　为取得稳产，在花芽形成期，需要对枝干进行环剥。5 年生以前，只对辅养枝环剥；5 年生以后，只对主干环剥。为了避免环剥对根系的抑制影响，可用树上喷 PBO 加一道环割的办法代替环剥。

4. **轻剪缓放**　多用疏放，少用截缩的剪法，以利形成单轴细长、松散下垂枝组（图 6-16）。

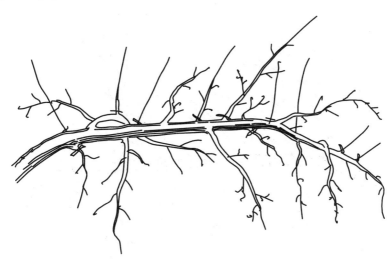

图 6-16　轻剪缓放、少用截缩修剪法

图6-17 以果压冠、缓和树势

5. **以果压冠** 在确保优质、稳产、壮树的条件下，尽可能加大留果量，以缓和树势（图6-17）。

6. **主枝换头** 对主枝原头背上1年生强枝长放，使之逐渐形成新头；原头成花结果，逐渐下垂。形成一个下垂大枝组，结果后下垂，这样一来，便达到分散势力、优势部位结果和控制树冠扩大三个目的，即一举三得（图6-18）。

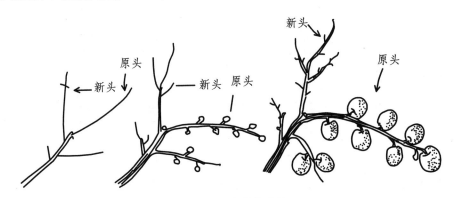

图6-18 主枝换头法

7. **注意保留背上枝组，防止日灼** 由于树冠呈大开心形，枝干背上太阳光强烈，常导致枝干灼伤，并引起腐烂病发生，所以，修剪时，要适量保留背上中、小枝组，保护果实和枝干免受日灼伤（图6-19）。

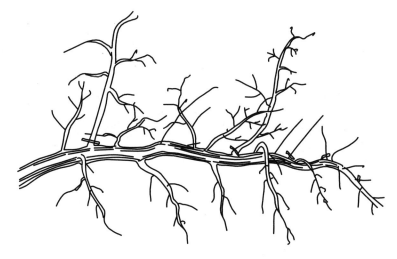

图6-19 保留背上中、小枝组，防止枝干和果实日灼

四、小骨架整形

该树形为河南省五二农场提出的。适于密植，产量较高。如1971年定植的37.4亩金冠、红星（主栽）园，栽后第四年见果，5年生亩产492.5kg，6年生亩产1 048.0kg，7年生亩产2 001.2kg，8年生亩产1 924.9kg，9年生亩产3 965.5kg。

（一）树体结构

有中央领导干，主枝4～5个，侧枝7～8个，树高不超过4m，冠幅4~4.5m，具有低干、矮冠、骨干枝少、骨架小、结构简单、管理方便、适合密植等优点。

（二）塑造方法

1. **定植当年**　选壮苗栽后，定干高度在70～80cm，开始主干不抹芽，以增加枝叶量；在整形带内，除选留的骨干枝剪留35cm左右外，其余剪留15~20cm，促生分枝。

2. **2～4年生树**　为防止各骨干枝生长过快，除延长枝采用长短交替短截外，尽量保留主、侧枝上起竞争作用的第二芽枝（竞争枝），向主轴两侧拉平。另外，中央领导干上的1～2芽枝尽量不作延长枝，也拉平。另选中庸或弱枝代头。其余枝尽可能多留、少疏，特别是一层以下的裙枝，用撑拉等法加大角度，使之呈斜生下垂，以利缓势、成花、结果。

3. **5年生以后**　开始用撑拉开张弱主枝角度，使之达到60°～70°，多留侧生枝和背斜枝。在中央领导干上，第一层间多留小枝，增加枝量。当中央领导干高达4m左右时，准备落头开心。下层主枝上，大量开花结果后，辅养枝要及时回缩，为配置枝组创造条件。

4. **枝组**　以中、小枝组为主，位置以两侧和中、下部为主。采用"先放后疏"法和"先截后放"法培养枝组。运用"三套枝"修剪法修剪枝组，以利稳产（图6-20）。

五、主干形

该树形属于小冠树形。18世纪在欧洲，主干形已成为宫廷园艺树形。这类树形因需要人工支柱架材、熟练工艺和整形修剪技术，不适于大面积推广。近十年来，随着矮砧苹果的发展和建园投资能力的加强，主干形又被重视起来。近年来，我国各苹果产区先后采用了细长纺锤形、超细长纺锤形、优良主干形、细型主干形、高纺锤形和松塔树形等，虽然名称繁多，但万变不离其宗，它们都有一个共同特点，即只有一个坚强、直立、粗壮的中央领导干，无主枝，在中央领导干上，

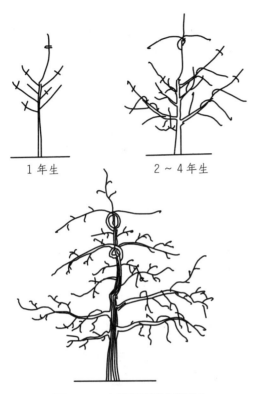

图 6-20　小骨架整形（苹果）

不分层次、螺旋状、均匀排列着15～45个不等的侧生分枝（即各类枝组），有的称"小主枝"，树体结构简单，整形容易，一看就懂，一做就会，易为果农所接受。

（一）苹果高纺锤形

20世纪末期，苹果生产先进国家将北欧的细长纺锤形和北美、新西兰的直立主干形、超纺锤形3种树形，进行综合改进，形成高纺锤形，目前已在意大利、美国、日本等国推广应用。我国于近年引进该树形，李丙智、燕志晖等在陕西、甘肃，孙建设等在河北等地试用，效果初显，现介绍如下：

1.树体结构　树高3～3.2m，干高0.8～1m，中央领导干挺拔健壮，其上均匀配备25～35个侧生分枝（枝组），其分生角度因枝条长势不同，处于110°～130°，长势强的角度大些，反之小些。中央领导干与同点侧生分枝粗度比维持在（5～6）:1，侧生枝基部最大直径不超过2.5cm，其上着生中、小枝组，平均枝量在25条左右，最多不超过45条，成形后，最大冠幅1.2～1.5m，呈修长纺锤形，树冠通风透光，叶片光合效率高，果实质量好（图6-21）。

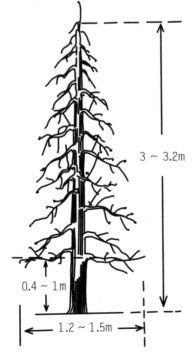

图 6-21　苹果树高纺锤形树冠

2. **适应条件** 该树形适合的行距，国外是 3 ~ 4m（平地 3 ~ 3.3m，坡地 3.6 ~ 3.9m），株距 1 ~ 1.5m（长势弱或中等的元帅系、嘎拉、金冠等品种可用 0.9m，长势强的红富士、乔纳金等和一些顶花芽结果的品种，如青苹等可用 1.2m）。根据我国国情，建议株行距为（1.3 ~ 1.5）m×（3.5 ~ 4）m，亩栽 111 ~ 170 株。该树形适于密植，早期结果好，产量较高，管理方便，经济效益好。

适宜的砧穗组合，都是矮化中间砧或矮化自根砧。栽植时选用 2 ~ 3 年生健壮苗木建园（图 6-22）。

3. **塑造方法**

（1）定干 选用 2 ~ 3 年生健壮、无检疫病虫害的苗木。定干高度，2 年生健壮苗木在 80cm 以上处定干，弱苗在饱满芽处定干；3 年生大苗，基部粗度 >16mm，侧枝长度 < 30cm，有侧枝 10~15 个，可不定干（图 6-23）。

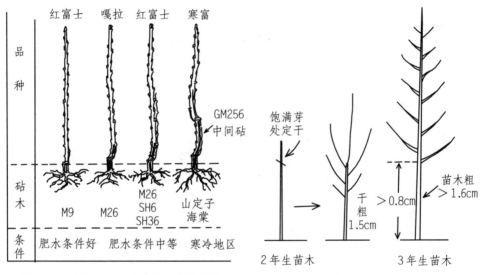

图 6-22　高纺锤形砧穗组合与栽培条件　　图 6-23　高纺锤形定干

（2）栽后第一年冬剪 栽后立支柱，绑缚保持苗干直立。冬剪时，疏强枝，留 5 ~ 15cm 长的细弱枝，疏除竞争枝；延长头弱的，短截于饱满芽处（图 6-24）。

（3）栽后第二、第三年冬剪 注意疏去中央领导干的竞争枝及其他部位抽生的强枝，继续保持中央领导干的生长优势，在光秃部位刻芽，并保持适当的枝间距，疏除重叠枝（图 6-25）。

（4）第四年修剪 对于中干上抽生的侧生枝，尽可能保留，以分散枝条势力，但开张角度较小；待其长至 45cm 左右时，开张角度达 110°，促其缓势成花。

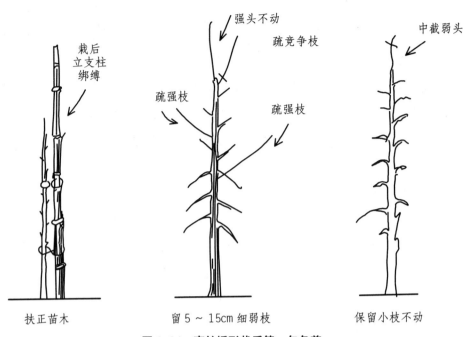

图6-24 高纺锤形栽后第一年冬剪

扶正苗木　　　　　留5～15cm细弱枝　　　　保留小枝不动

栽后立支柱绑缚　强头不动　疏竞争枝　疏强枝　疏强枝　中截弱头

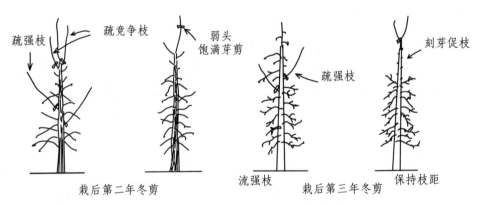

图6-25 高纺锤形栽后第二、第三年冬剪

疏强枝　疏竞争枝　弱头饱满芽剪　疏强枝　刻芽促枝

栽后第二年冬剪　　　流强枝　栽后第三年冬剪　保持枝距

侧生枝在中央领导干上螺旋上升，错落排列，但注意其间距保持在20～25cm；此外，对中干上光秃带部位进行刻芽或点发枝素，以促生新枝补空（图6-26）。

（5）栽后第五、第六年修剪　修剪方法主要是疏、放、拉，让枝组呈珠帘式结果，结果枝开张角度在110°左右，侧枝间距离要保持在15～20cm，避免重叠和郁闭。剪法同前两年。

（6）配套修剪技术

①抹芽　春季萌芽后，随时抹去无用枝芽以利于集中营养，供给有用的枝芽生长。

126

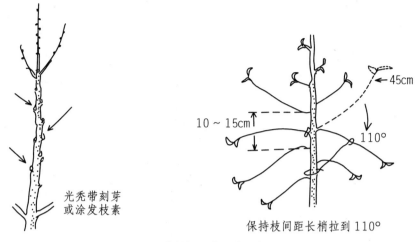

光秃带刻芽
或涂发枝素

保持枝间距长梢拉到110°

图 6-26　高纺锤形栽后第四年修剪

②疏梢　生长时期，全树会发生许多无用新梢，应及时疏除（图 6-27）。

③刻芽　除对中央领导干光秃带处于芽萌动前芽上刻伤（或涂发枝素）外，还要对拉下垂的侧生分枝进行细致的刻芽（背上芽在芽后刻，背下芽在芽前刻），以利多抽中、短枝，多成花结果。

除萌梢　　　　去双梢　　　　去徒长梢　　　　去竞争梢

图 6-27　高纺锤形生长期疏梢

④疏密留强，更新弱枝　每年冬剪时，去掉过长、过粗侧生分枝，疏除直立徒长枝，疏除过弱的背下枝，上强树要以弱枝代头，力求树势平衡，光照良好（图 6-28）。

（二）苹果松塔树形

该树形由河南省三门峡市灵宝东村园艺场纵敏师傅于 1995 年试验成功，后经灵宝、陕县等果区大面积生产实践，不断完善，于 2001 年 10 月 18 日正式通过省级鉴定。鉴定认为这是一种在吸取当前常用树形优点的基础上，创造发明出来的不需支柱篱架、比细长纺锤形还小的主干形树形。因为该树形轮廓是上小下大，挺拔、规范，形似雪松树形，故定名为松塔形（图6-29）。树冠整齐壮观，通风透光，果品质量好，整形操作简单易学，经济效益显著，现已在三门峡市陕县二仙坡果园、灵宝市寺河山等地以及甘肃天水市、辽宁绥中县、北京市等地推广面积数万亩。实践证明，松塔形是生产优质、高档果品（苹果）的理想树形之一。

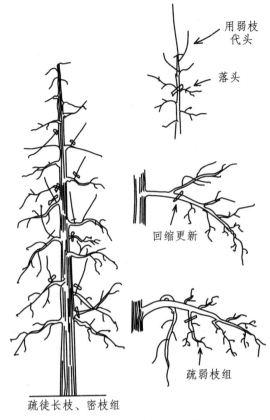

图6-28　高纺锤形盛果期树的修剪

1. 树体结构　该树形是在纺锤形的基础上，吸纳了优良主干形和圆柱形的优点，并经不断改进、完善，适于乔、矮苹果树的新树形。树冠呈细长圆锥形。

成龄树高3～4m（落头后3～3.5m），干高0.8～1.2m，枝组数多达40来个，后调整为25~27个，盛果期达16~20个。枝组开张角度95°～110°。树冠下部枝展长度为80~120cm，上部为40～60cm。同侧枝组间距在15cm以上，呈螺旋状依次向上、交错排列，干枝比1∶（0.2～0.3），单株枝量600～1 200条，留花芽150～200个，平均单株结果100～200个，一般亩产1 500～2 000kg，最高达5 000kg，优质果率达90%以上。三门峡陕县二仙坡5 000亩红富士苹果园均采用松塔树形，结合优良配套技术，果实平均每千克售价8~12元，经济效益好（图6-29）。

2. 树形优点

（1）中央领导干强壮、直立　主从分明、挺拔健壮，中央领导干与同点枝组粗度比（即干枝比）严格控制在1∶（0.2～0.3），对过分粗大、影响树势平衡的枝严加控制。

（2）枝组丰满，角度低垂　一般分生角度为100°～110°，强枝组可达120°～130°。该树形前期（栽后5年内），枝组数可多达40来个，后逐渐调整到25～27个，到10余年生树时，多在16～20个，保持枝组丰满，确保果大色好。

（3）树势健壮，产量稳定　枝组角度在95°以上，而且结合多道环割、刻芽等，枝条生长缓和，背上基本不冒条，营养消耗少，中、短枝多，成花早而多，早实丰产、稳产，如二仙坡苹果园多年来产量稳定上升，2016年，陕县灵宝等周围果园小年树园子占一多半，可是二仙坡果园却是花开满树，果实累累。

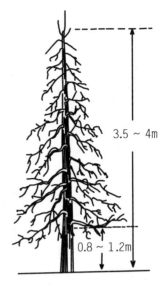

图6-29　松塔树形

3. 塑造方法

（1）定干　健壮苗木栽后定干高度在1～1.2m，剪口下20cm为整形发枝带，逢芽必刻，促发分枝，干高留90～100cm。

（2）第一年冬剪　定干当年，剪口下可抽生5～10个枝条，最上部有3～4个强枝，选其中长势旺、位置居中的作为中心干延长枝，长放不剪，而对其下位的几个竞争枝进行疏除，再往下皆为中、短枝，长势较弱，宜全部保留不动，这种剪法有助于保持中央领导干的绝对优势。在中央领导干生长势较弱的情况下，将下部的中枝也加以疏除（图6-30）。

（3）第二年冬剪　为维持中央领导干的绝对优势，需对延长头下的几个竞争枝、直立枝和过密枝进行疏剪，使新抽生枝间隔在5～10cm，呈螺旋状依次向上排列，各个枝头要保持单轴延伸，切勿施以短截，对保留枝组要及时（秋或春萌芽后）用拉枝器拉枝到位，开张角度达95°～110°。

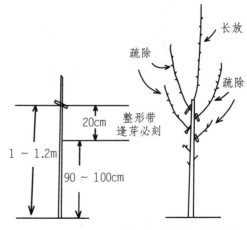

图6-30　松塔树形栽后定干与第一年冬剪

（4）第二、第三年及以后冬剪　每年去除竞争枝、内向枝、过旺直立枝、交叉枝等。注意加大旺枝角度、缓势促短枝，对过低枝要适当疏除（图6-31）。

（5）成龄树冬剪　①提高干高　为便于地下管理和减轻果锈，要陆续疏除主干上距地面70～100cm的侧生分枝（枝组），但一次疏大枝不得超过4个，若下部低位大枝多，应分年去除，以维持地上部与地下部的生长平衡（图6-32）。

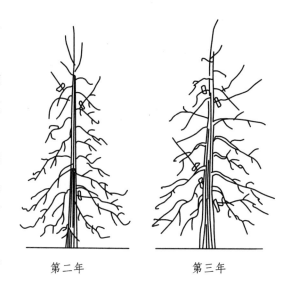

第二年　　　　　第三年

图6-31　松塔树形栽后第二、第三年冬剪

②控制冠幅　枝展长度不应大于1.5m，超过者应适当疏、缩。当侧生分枝基部直径超过3cm时，应用细枝组代替，即去粗留细、去大留小。当枝组过密时，要去密留稀，同方向枝组间距拉大到30cm以上（图6-33）。

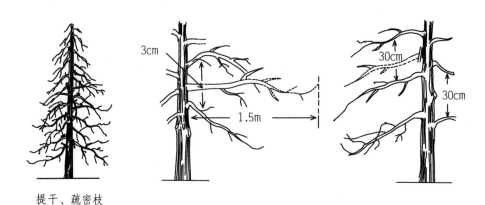

提干、疏密枝

图6-32　松塔树形成龄树冬剪　　　　**图6-33　松塔树形控冠修剪**

③刻芽促枝　萌芽前，在中央领导干上光秃部位进行芽上刻伤或点发枝素，芽距保持在10cm左右。各侧生枝下垂枝组，背上芽在芽后（约1mm）浅刻伤，两侧芽及背下芽在芽前刻，以促生中、短枝，易成花结果（图6-34）。

④夏季修剪　包括除萌、扭梢、拉枝、剪秋梢等作业（图6-35）。

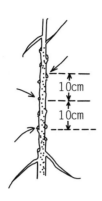
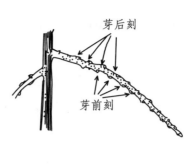

芽后刻

10cm

10cm

芽前刻

图 6-34　松塔树形光秃处刻芽促枝

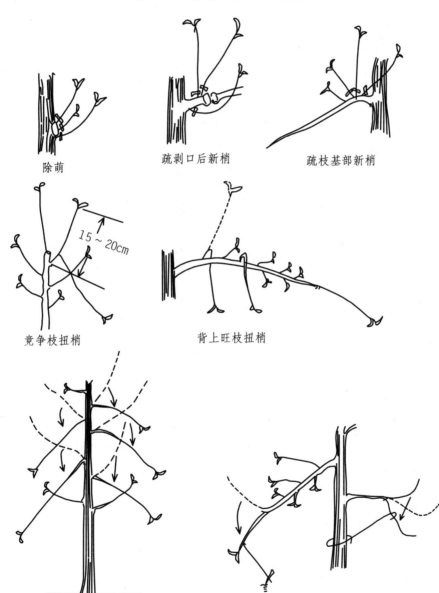

除萌　　　疏剥口后新梢　　　疏枝基部新梢

15～20cm

竞争枝扭梢　　　背上旺枝扭梢

秋季扭垂长梢　　　拉翘梢

图 6-35　松塔树形夏季修剪

（三）苹果细长纺锤形

该形最早出现在欧洲，1983年传入我国后首先应用于全国新红星苹果开发项目，经过5年、110万亩的生产实践，证明是成功的。目前，甘肃省天水市花牛苹果园近160万亩果园基本上采用这种树形，生产效果很好。近20年来，红富士等品种也有采用该树形的。

该树形适于矮砧和短枝型苹果栽培。一般行距3～4m，株距1.5～2.5m。以亩栽66～148株为宜。

1. **树体结构** 有一个强壮直立的中央领导干，干高70～100cm，树高2.5～3.0m，冠径（下部）2～2.5m。全树有分层或不分层侧生分枝15～20个，伸向四面八方，树冠上小下大，呈细长纺锤形，侧生分枝拉枝长度：下层100cm，中层70~80cm，上层50~60cm；分生角度：下层80°～90°，中层90°，上层>90°（图6-36）。

2. **整形技术**

（1）定干与不定干 因苗木状况决定定干与否（图6-37）。

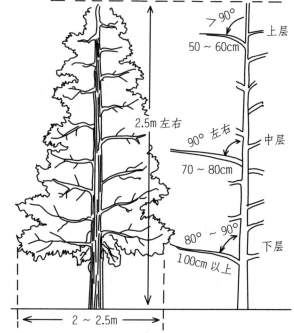

图6-36 细长纺锤形树体结构

（2）栽后第一年修剪 主要任务是促进幼树健壮生长，及时除萌蘖，控制竞争枝，确保中央领导干延长梢的优势地位，对已够长的侧生枝进行拉枝，防止"掐脖"现象（图6-38）。

（3）栽后第二年修剪 栽后第二年，树势较强，要注意刻芽增枝，疏除距中央领导干20cm内新梢。对竞争枝、直立强枝扭梢，秋季对够长度的新梢拉枝，疏剪背上直立强枝，冬季只进行疏枝、长放（图6-39）。

（4）栽后第三年修剪 树体渐大，枝量增多，一年四季修剪工作量较前两年大些，但修剪方法基本同第二年（图6-40）。

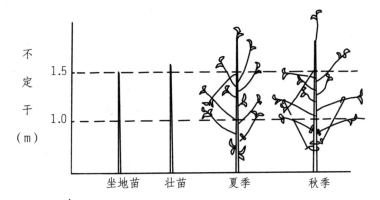

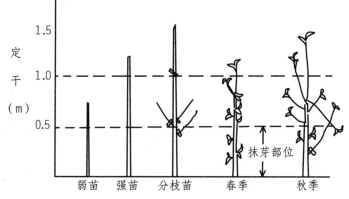

图 6-37 细长纺锤形定干与不定干

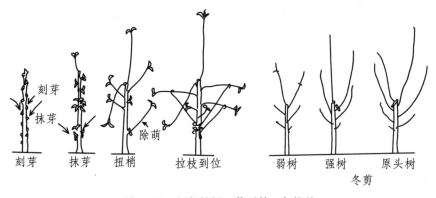

图 6-38 细长纺锤形栽后第一年修剪

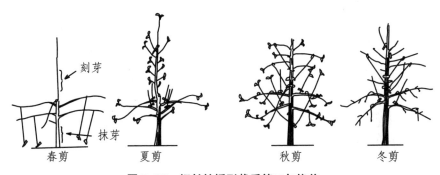

图 6-39 细长纺锤形栽后第二年修剪

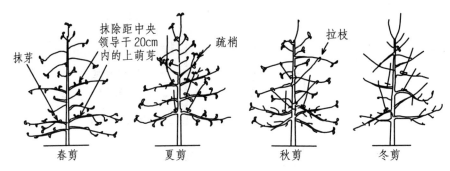

图 6-40　细长纺锤形栽后第三年修剪

（5）栽后第四、第五年修剪　与前几年修剪方法相近，但要注意控制上部强梢，继续保持中央领导头的生长优势，同时疏剪内膛直立枝（图6-41）。

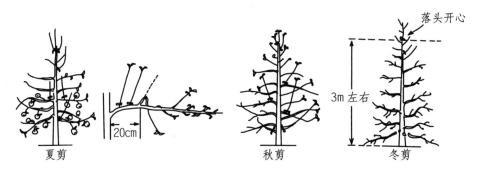

图 6-41　细长纺锤形栽后第四至第五年修剪

（6）5 年生以后的修剪　如图 6-42 所示。①保持上弱下强、上小下大的纺

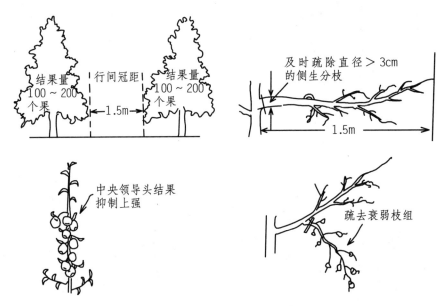

图 6-42　细长纺锤形盛果期树修剪

锤形轮廓；②保持 15 ~ 20 个水平的侧生分枝数量，以维持整个树冠良好光照；③保持行间和株间足够的距离；④保持主干高度在 80cm 以上；⑤保持亩枝量 8 万条左右，枝叶覆盖度在 75% 左右；⑥树冠透光好，地面有 30% 左右的光斑。

（四）桃主干形

几十年来，人们习惯认为桃树喜光，采用各种开心树形（二主枝、三主枝、六主枝开心形）等。这些树形内膛光照较好，结果质量较高，但早期产量较低，结果呈表面化，枝、叶、果多下垂贴地，由于近地面湿度大，易生病害（如细菌性穿孔病），并且考虑到骨架建设，前期重剪（截、缩重些）导致结果较晚，后期产量仅维持在中等水平（亩产 2 000 ~ 3 000kg），效益不高。所以，近年来，各桃产区开始试用主干形树形。

1. **主干形桃树的优点**

（1）适于密植　由于该树形没有大量骨干枝，只有中央领导干，树冠上小下大，冠径只有 1.5 ~ 2.0m，可以采用密植栽培，亩栽 100 ~ 200 株，行距 2.5 ~ 3.0m，株距 1.5 ~ 2.0m，几乎是传统密度的 3 ~ 4 倍。

（2）早期产量高　栽树当年，只要苗上带有花芽，就能结几个果子，但形不成产量，一般不留果。第二年产量剧增，亩产高者可达 2 500 ~ 4 500kg，第三年亩产 5 000 ~ 6 000kg，第四、第五年，亩产可达 6 000 ~ 6 500kg。

（3）经济效益好　由于此类桃园早产高产，收回投资快。据河北省遵化市兴旺寨镇种植燕特红桃的初步调查，亩建园及管理费在 5 000 元左右，栽后第二年管理费 5 000 元左右，栽后第二、第三年亩收入可达 2 万 ~ 3 万元，纯收入达 1 万 ~ 2 万元，对于急于收回投资、想早日致富的桃农来说，无疑是一条快速路。

（4）栽培周期短　一般栽培周期 12~15 年一茬，这有利于桃品种更新换代。当根系衰老，中、下部枝条枯死，树呈表面结果，产量、质量下降时，就要创园，重新栽树。

（5）树体结构简单，修剪容易　初学者一会儿可看懂，1 天可学会修剪技术。

由于上述优点，主干形桃树栽培技术在各地迅速推广。

2. **树体结构**　干高 70 ~ 100cm，树高 2.6 ~ 3.0m，中央领导干直立挺拔，其上分布着 20 ~ 30 个侧生分枝（枝组），下大上小，树冠下部最大直径 1 ~ 1.5m，最大达 2m。侧生分枝在中央领导干上均匀分布，开张角度 100° ~ 120°，树冠上窄下宽，呈松塔形（图 6-43）。

3.塑造方法　栽后定干，定干高度在60～80cm。萌芽后，随时抹除苗木上距地面50~60cm处的萌芽。当新梢长到50～60cm时，用布条、塑料条或拉枝器将其拉到120°左右。冬季修剪时，中央领导干不打头，让它直立向上；生长期要对竞争枝摘心控制。1年生桃树，剪前有侧生枝20个左右，剪后剩15个左右；2年生分别为30个和20个左右，3年生树分别为27个和20个，4年生树分别为30个和20个左右，5年生树也保持在4年生树的水平，一般果枝不短截，采用长放修剪法。在整形中，注意疏除低位粗大枝，让干枝比保持在1：（0.3～0.5）较好，随树龄增长，要逐年提干到1m左右，以利通风透光和田间作业（图3-69）。在树高达4m以上时，要及时落头到2.8～3.0m。但注意控制树头，去掉粗壮大枝组，保持头小身子大的主干形轮廓（图6-44）。

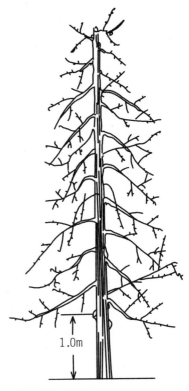

图6-43　桃主干形树体结构

4.修剪方法

（1）去低留高　在栽树后，定干高度在60cm左右，第一年抽生的侧生分枝较长，有70～80cm。第二年，分枝结果垂地，影响桃果质量，在全树枝量较大的情况下，可以逐年提干，每年去掉1～2个低位枝，将树干提高到80～90cm处，第三至第五年，可提高到90～100cm（图6-45）。

（2）控高　桃树极性较强，栽后第一年秋季，树高可达2.29m；2年生树高可达3.5m左右，3年生树高可降到2.8m左右，3～4年生树也应稳定在2.8m左右，超过3m，各项操作会倍感不便，同时，因下部光照恶化，死枝严重，所以要

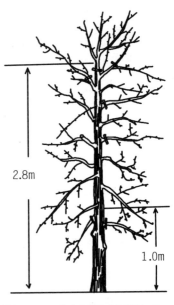

图6-44　桃主干形盛果期冬剪

注意落头开心。同时疏、缩上部过大枝组，保持树势上下平衡，结果稳定。

（3）严控粗大枝组，保持单轴延伸 为保持中央领导干的绝对优势，要保持干枝比 1 :（0.3 ~ 0.5），每年冬剪时，应注意疏剪 1 ~ 3 个粗大侧生枝，尤其是低位枝、竞争枝、直立徒长枝，保留健壮、细长的侧生枝，特别要重视保留从中央领导干上发生的优良长果枝（40 ~ 50cm）。保留数量是：第一年 15 个左右，第二年 21 个左右，第三至第五年 20 ~ 25 个，维持枝量稳定，使树体大小稳定。

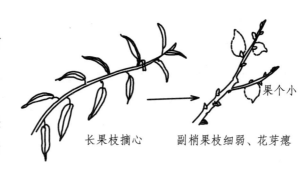

长果枝摘心　　副梢果枝细弱、花芽瘪

长果枝长放　　果枝粗壮、花芽饱满

图 6-45　桃树长果枝夏季摘心的副效果

（4）留足中、长果枝 靠中、长果枝结果的品种，宜留够一定量的优质中、长果枝，如燕特红桃，2 年生留 23 ~ 25 个长果枝、18 ~ 20 个中果枝，3 年生分别留 20 个和 17 ~ 20 个，4 年生分别留 16 ~ 20 个和 20 个，5 年生分别留 20 个和 20 个左右。

（5）简化修剪法 冬剪时均采用疏枝、长放不短截、基本不回缩法修剪；夏季除竞争枝摘心外，一般果枝也不必摘心，因为摘心后发的副梢弱，花芽质量不高，结果小。

在枝组粗大、前部衰弱时，要用后部优良长果枝更新缩剪，使之尽量靠近中央领导干。这种剪法修剪量轻，2 ~ 4 年生树，去枝重量仅 2 ~ 3kg，同时耗工较少，1 ~ 5 年生树，平均每株耗时只有 3 ~ 5 分，1 天 1 人可修剪 0.5 ~ 0.7 亩桃树。降低用工成本，树势稳定。

六、自由纺锤形

该树形适于半矮化果树和短枝型品种，亩栽 43 ~ 83 株，行距 4 ~ 5m，株距 2 ~ 3m。

（一）树体结构

有一个明显的中央领导干。苗木栽后定干高度在 60 ~ 70cm，全树有小主枝 10~15 个，均匀分布，伸向各方，无明显层次。小主枝开张角度 70° ~ 90°，在小主枝上配备中、小枝组。树高 2 ~ 3m，冠径 2.5 ~ 3m（图 6-46）。

（二）树形评价

☞ 树体中大，适于中度密植，产量中高。

☞ 结构简单，通风透光，容易管理。

☞ 4~5 年生以后，产量大增，效益提高。

（三）塑造方法

1. 栽后第一年　定干高度在 60 ~ 70cm，主干上距地面 30cm 内不留萌芽，夏剪对竞争枝扭梢，秋季拉枝，冬季视中央领导干延长枝的竞争枝情况，做妥善处理（图 6-47）。

2. 栽后第二、第三年修剪　详见图 6-48。

3. 栽后第四、第五年修剪　详见图 6-49。注意提干、疏徒长枝、密生枝、

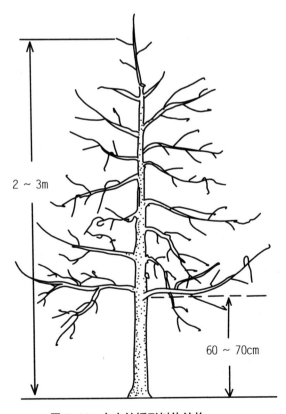

图 6-46　自由纺锤形树体结构

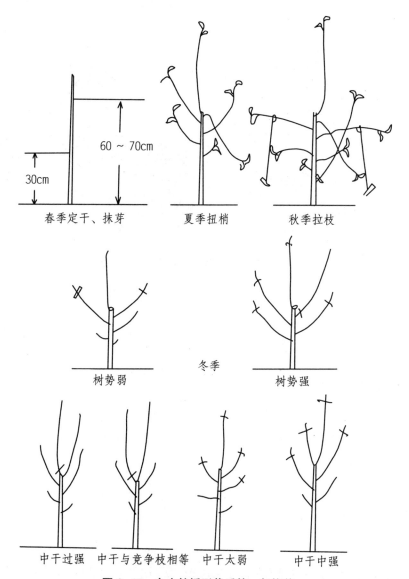

图6-47　自由纺锤形栽后第一年修剪

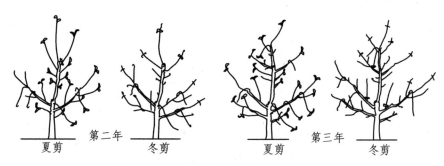

图6-48　自由纺锤形栽后第二、第三年修剪

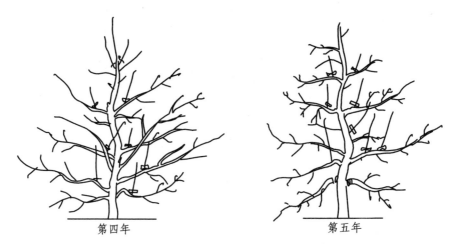

第四年　　　　　　　　　　　　第五年

图6-49　自由纺锤形栽后第四、第五年修剪

竞争枝，各小主枝延长头不再短截，对其长放、缓势，促其成花。

4.盛果期修剪　树提干后，全树保留10～15个小主枝，落头高度在3m以下，树冠通风透光，果实质量好。

七、改良式纺锤灌木形

该树形在法国卢瓦尔河流域地区的矮砧苹果和梨树上有所应用。实际上，此树形是经改造的垂直单干形，或可看作一种近乎篱壁形的改良式纺锤灌木形。塑造方法简单，易于成形。

设篱架支柱，支柱高1.5～2.1m，柱子间距7.5～9m，架高因土地肥力而定。拉4道铁丝，下面一道距地面35cm左右，其余3道，一道比一道高，相距约30cm。

选用健壮的无分枝1年生苗，定植株距为1m，生长势旺的品种株距稍大些；行距1.8~2.4m，依土壤肥力而定。

定植后，将苗干留1/3长度，或61cm剪截，通常能长出3个枝。7～8月，将其中两个向下弯成弧形，绑在最下一道铁丝上，而第三个枝继续延伸，作为中央领导枝。冬剪时，中央领导枝剪留38cm。

第二年7月下旬至8月上旬，当新侧枝直径达0.6cm粗时，同样向下弯成弧形，绑在第二道铁丝上，顶梢不动，冬剪留38cm长。以后对已有许多侧芽着生的侧枝加以短截，以防止结果过多，确保果大质佳。

这样，垂直单干形就成为有枝展70～75cm的棕榈叶形，疏除不便于引缚到铁丝上的枝；结果枝间距30cm，具体整形可参考垂直单干形。

八、小冠纺锤形

这种树形适用于嫁接在营养系砧木上和半乔化和矮化品种实生砧上的苹果树。

在树冠基部以上，分布半骨干枝，分枝角度50°～60°，长度在115cm左右，将主干基部以上分布的侧生分枝拉成水平状态。

定植后第二年开始整形，将中央领导干短截到距基部枝50～60cm的2年生枝上，去掉竞争枝，把小侧枝拉到倾斜状态。发枝好的品种，不需要每年短截中央领导干，中央领导干上的侧生分枝都要拉成斜生状态。6~7年基本完成整形任务。

以后各年，剪除斜生枝上的直立枝和直立新梢，以调节其生长势。对长分枝要回缩到适当部位的小枝上，注意疏除密生枝。对斜生枝背上新梢折枝特别有效。为改善树冠光照，便于管理和采收，从行间或在树冠内打开2~3个透光的"窗子"（图6-50）。

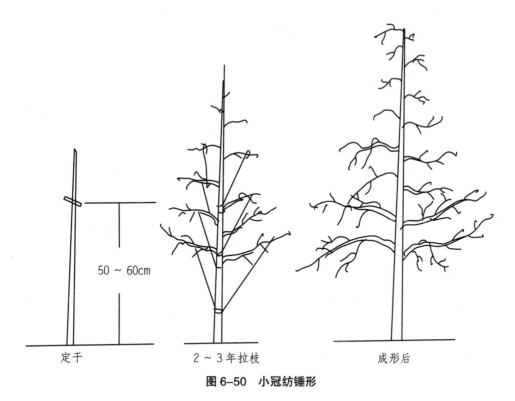

定干 　　　　　2～3年拉枝 　　　　　成形后

50～60cm

图6-50　小冠纺锤形

九、纺锤灌木形

该树形起源于德国莱茵兰地区，后传入荷兰，并在当地作为自然纺锤形在生产上应用。实际上，它是矮圆锥形的一个变种，或者可以看作是垂直单干形和灌木形之间的中间形式。它不同于矮圆锥形的是它的大主枝无特定的排列形式，它不同于垂直单干形的是其果实着生在短果枝上，而不是直接着生在主枝或主干上。此形的突出特点是将侧生新梢拉成水平状态，而不进行其他夏剪。通过选用早结果品种（红玉、金冠、桔苹等），不用拉枝，早期结果就会将枝条压到水平状态（图6-51）。

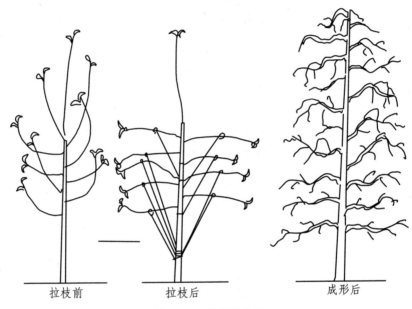

拉枝前　　　　　　　拉枝后　　　　　　　成形后

图6-51　纺锤灌木形

这种树形适于3m×3m或（1.2~1.8）m×（3~3.6）m的栽植距离，通常的距离是4m×2.4m。苹果常用M9、M26或M4作砧木，梨用榅桲C作砧木。

据记载，德国的梅肯海姆（Meckenheim）地区桔苹产量，栽后第二年株产2kg，第三年3kg，第四年4~5kg，第八年12.5~15kg。

栽植1~2年生壮苗，定干高度为60cm，干高留25~30cm，树干上不留新梢以免影响操作。中央领导头要保持生长优势。栽树时，旁边立一根1.5~1.8m高的支柱，或用铁丝篱架，在0.9~1.2m处拉一道铁丝，也可在0.6~1.2m处拉两道铁丝，有些品种，如分枝角大的老笃和灯塔，不需支撑，特别适合这种树形。

6月中旬至7月上旬，枝条木质化之前，将新栽树侧生新梢留4个芽左右进行短截。这些新梢会保持在这个位置，结果后使枝条下垂。

用绳子将枝条拉成水平状态（而不使其呈弓形），并在枝条变硬期前，长期保持水平位置，而不使新梢受到绞缢。另外，当新梢长约25cm、木质化前，用衣服夹子开张角度也很好。可不进行其他夏剪。

冬剪时,顶端枝条和所有侧枝大约留8个芽短截,疏除弱枝和交叉重叠枝。翌年夏季以后,再将侧枝拉到水平位置并绑紧。当树达到要求高度(1.5m、1.8m或2.4m)时,或在侧枝处落头开心,或保留结果,压弯枝头,阻止延伸。

十、矮灌木形

该树形是最常见的一种矮小的变则主干形改良式开心形树形。

用1~2年生壮苗建园,株距1.8~2.4m。行距3.6~4.5m,中央领导干控制在1.2m左右,以形成矮小树冠。一般采用常规的整形修剪方法,拉一道距地面1.2m高的铁丝线就足够了。若用老笃和芬顿两个品种,由于枝的分枝角大,生长平衡,也可不用支柱。

十一、矮圆锥形(或称矮角锥形)

该树形常见于英国和欧洲大陆,实际上是一种矮小、紧凑、有中央领导干的树冠,其基部分枝距地面30~35cm,其余枝条沿中央领导干往上均匀分布,枝的长度由下而上逐渐变短形成圆锥形。在英国该树形不那么严格,修剪量较轻,大都用于小的庭院;用于大面积生产也很有希望,按0.9m×2.7m定植,亩栽265株,栽后的3~4年,株产2.25~36.5kg,亩产700kg;成年树亩产可达1 750kg,最高可达3 500~5 000kg,丰产期估计20年。

这种树形对苹果非常适用,也适用于梨、樱桃和李树。苹果上主要用M9作砧木,生长势弱的品种,也用于M4、M7,甚至M2,还可能用于M26、MM106和MM104上。梨用于榲桲A上,李用于全儒利昂C上。

苹果株行距为0.9m×(1.8~2.7)m,有将行距加宽到3.0m的趋势。有些卓有成效的栽培者建议苹果用1.2m×1.7m,梨用1.2m×1.8m。后一种株行距便于机械作业和使用其他现代化果园设备。用M9和M4作砧木,通常需要支撑。支柱相距4.5m,横向拉两道铁丝,下面一道铁丝离地面46cm,上面一道铁丝离地面91cm,将树枝绑在铁丝上。有些栽培者发现,只用下面一道铁丝也可;另有一些栽培者觉得在91cm处拉一道铁丝较好,因为该高度能使果树更稳定。以M7和M2为砧木可不用支柱。

多以1~2年生壮苗定植,定干高度在50cm左右。超过15cm长的侧枝,应留5个芽短截。

下一年冬季,领导枝剪留20~25cm,侧枝剪留15~20cm。夏季,对约一半长度已木质化和成熟的新梢,进行改良式洛氏修剪(即留基部以上3个叶短截),

效果较好，未成熟的新梢保留不动。此时，在欧洲大约是 7 月中旬，成熟新梢留 5 ~ 6 片叶（15cm）短截，中央领导枝保留不动。8 月中旬至 9 月上旬，对上次未成熟未曾短截的新梢同样进行短截。

第二年冬季以后，中央领导枝留 20 ~ 25cm 短截，夏剪后，抽出的新梢留 1 个好芽剪截，无用枝全部疏除。

中央领导干高度不应超过 2.1m，不让中央领导头结果，以避免弯曲，影响圆锥形的形成。理想的圆锥形下部分枝应达到 91cm，中部分枝为 61 ~ 76cm，上部分枝大约为 46cm（图 6-52）。

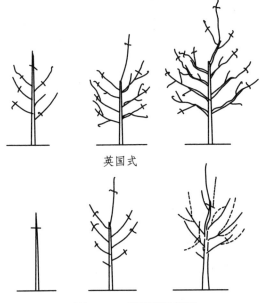

英国式

图 6-52 苹果矮圆锥形

十二、圆柱形（直立柱形）

该形是由英国伯克郡阿宾顿的 G.A.Maclean 发明的，是一种改良式垂直单干形，不需支撑。

苹果树可利用 M2、MM104 和 MM109 等半矮化砧。定植株距 1.2 ~ 1.8m，行距 3.6m，亩栽 99.6 ~ 149.4 株。最好按 1.8m×3.6m 定植。有利于喷药和刈草等作业管理。

1. 树形特点　易实行简易的标准化修剪。在 3m 高的中心轴上的枝组，对枝条进行有规律的更新。每个枝组由 3 个枝组成，即 1 个 1 年生枝、1 个 2 年生枝（形成花芽和短枝）、一个 3 年生枝（结果的枝）。每年结果后，除去结过果的枝，这样，又形成包括一个新的 1 年生枝，一个将形成花芽或短枝的 2 年生枝和一个将要结果的 3 年生枝的枝组，每年不断更新（图 6-53）。

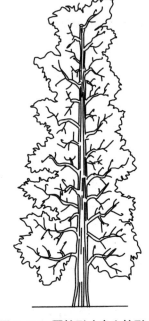

图 6-53 圆柱形（直立柱形）

修剪简而易行，即使没有修剪经验的人，也容易学会并能完成修剪任务。其常规工作是：

（1）回缩所有 3 年生枝，不论其结果与否，皆留短桩。

（2）回缩所有 2 年生侧枝，根据 1 年生枝长短，保留花芽。

（3）疏除部分 1 年生侧枝，留 30~35 个均匀分布于全树的 1 年生枝，选留生长壮而不旺和外向枝条。全部修剪都可站在地面上进行，用长把剪剪截树顶部，平均一株树约花 4 分钟。

该树形结果量多取决于 1 年生侧枝的长度，过两年后便成为结果的枝条。因此，能发出强壮侧枝的砧木和其他栽培条件是很重要的。因此，这种树形最适于生长季长、气候稳定的地区以及夏季不酷热、冬季不严寒、无干旱和早霜的地区。

2. **塑造方法**　如图 6-54 所示。

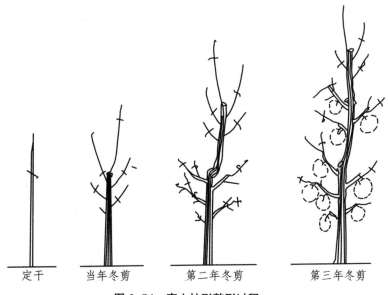

| 定干 | 当年冬剪 | 第二年冬剪 | 第三年冬剪 |

图 6-54　直立柱形整形过程

（1）定干　定植用 1 年生苗，定干高度为 76cm，疏除苗干上全部侧枝。

（2）第一年冬剪　1 年生枝在中部饱满芽剪截，顶上一个侧枝留 1cm 短桩，有 3 个侧枝保留不剪，不剪的侧枝便成为第一批枝组，其余侧枝皆留 1cm 多短截。

（3）第二年冬剪　中央领导枝再剪留一半长度，最顶上一个侧枝留 1cm 多短截。3 个新侧枝保留不动，其余 1 年生侧枝加以疏除和留 1cm 长的短桩。2 年生侧枝根据新梢长短进行短截。

（4）以后各年冬剪　疏除已结果的 3 年生枝。枝组间距 30cm，共 30~35 个，每年增加 3 个枝组，每个枝组结 10 个果左右，株产 18 ～ 27kg，亩产

2 500 ～ 3 500kg。由于树冠透光好，叶果比大约为 25：1，果实着色好，便于喷药作业，尤其红玉和桔苹两个品种适于采用圆柱形，这种树形很适合机械化采收等操作。

十三、多曲柱形

该树形是笔者 1974 年在陕西省宝鸡市陈仓区天王镇天王园林场创新提出的新树形。因为考虑到直立柱形易出现后期上强的问题，才设计出中央领导干弯曲延伸的树形。在当时有数十亩试验园证明是可行的。

该形适合亩栽 70 ～ 80 株以上的乔砧、干性强的品种和土肥水条件好的苹果树。

（一）树体结构

树高 2.5 ～ 3.5m，冠幅 2m 左右，无主枝，只有各类枝组；无层间，各类枝组合理排列于弯曲的中央领导干上。中央领导干每年弯曲一次，并升高 40cm 左右，在弯曲处甩出 1 个大枝组（图 6-55）。

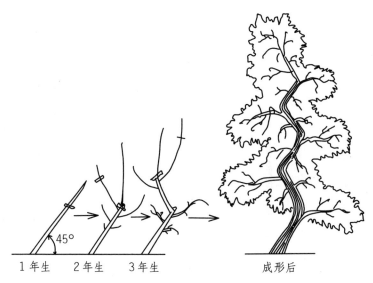

图 6-55　多曲柱形整形过程

（二）塑造方法

选栽壮苗，顺行斜栽，与地面交角 45°。定干高度在 70 ～ 80cm。剪口芽选上芽，当年剪口下一般会发出 3~4 个强枝，冬剪时，去除直立的延长枝，选竞争枝换头，剪留 40 ～ 50cm 长，仍然留下位芽不剪，翌年照例发 3 ～ 4 个强枝，冬剪时，仍旧去原头，用竞争枝当新头，第三枝作枝组，长放不剪。如此剪法，坚持 4 ～ 5 年，便形成多曲柱形。采用此树形，中央领导干弯曲延伸，有利于控制上强，并相对矮化树冠，有利于密植丰产。

十四、中心轴干形

该树形是近年从法国传到新西兰的一种树形。它具有早果、丰产、生产成本低等优点，深受果树生产者的青睐。5年生红星/MM106，大面积亩产3 150kg。目前，新栽幼树中，60%以上都按此形及其改良形进行修剪。

该树形适于矮化密植栽培，适用的砧木是矮砧或半矮砧，如MM106、M793和M26等，品种应选择生长中庸、成枝力强、成苗容易的嘎拉、布瑞本、金冠、元帅系等短枝型品种。行距以4～5m、株距以2～3m为宜。

（一）树体结构

只有一个中央领导干，没有明显的主枝，枝组直接着生在中心轴干上。

（二）塑造方法

修剪方法略同于中心主干形。对枝组一般采用缓放，结果后下垂，促进枝组中、后部长出较强的营养枝，即可从该处回缩更新，再进行长甩缓放，开花结果，回缩更新的循环。幼树定植后，可拉1～2道铁丝，以防苗干倒伏弯曲，有利于整形修剪。具体方法是：

1. 1~2年生　苗木定植后，不需定干，待新梢长到5~10cm时，选择方向好、角度大的枝条培养成枝组，抹掉与中央领导干夹角小或过密的枝条。

2. 3年生　生长季修剪2年生树，一般不进行冬剪。

3. 4~5年生　疏除主干上角度小的旺枝，去除生长过旺、不结果的过大枝组，着意培养生长中庸的枝组，疏除主干70cm以下的枝条。

4. 6年生以后　疏除中央领导干上生长过旺、直立的枝条，及时更新复壮衰弱的枝组，用强分枝代头，疏除过密的或遮阴的枝组（图6-56）。

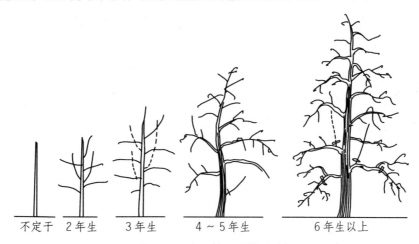

不定干　　2年生　　3年生　　4～5年生　　6年生以上

图6-56　中心轴干形整形过程

十五、中心主干形

该树形是由新西兰著名果树专家麦肯齐博士发明推广的，为新西兰、澳大利亚等国家的主要应用树形，美、日、欧等地也在推行。这种树形整形修剪遵循了树体自身生长的规律和习性，修剪后的果树具有生长健壮、主枝较多、层次分明、通风透光好、枝组分布合理、成形快、丰产早、产量很高（10年生红星／MM106，亩产可达7500kg）、果实品质好，便于打药、修剪、采收及地下管理，修剪简单，易于掌握，灵活性强等优点。但要求土肥水条件较高，适用于乔化砧和半矮化砧。

新西兰20余年的实践表明，中心主干形用半矮化砧MM106、M793、M26等砧木，以行距4～5m、株距3.5m为宜。

（一）树体结构

一般树高3.5～4m，冠幅为3～3.5m，有明显的中央领导干。树下半部有两层明显的永久性主枝，每层有4个对应的主枝组成，主枝延长的方向与行株的走向相同，层与层之间的主枝上下对应平行，为重叠的十字形；树的上半部，合理安排一层或两层半永久性主枝，可酌情回缩或疏除，以避免树上部形成过大主枝，影响通风透光和树体生长平衡。第一层主枝距地面约1m，第二层与第一层的层间距80～100cm，以上各层间距随主枝变小而相应缩短；主枝与中心干的角度保持在60°～70°，整个树体外形始终保持为金字塔形。

（二）塑造方法

1. 定植　选择高度1m以上的优质壮苗定植，不搞短截定干。

2. 2年生　疏除主干上生长旺、角度小、可能与主干竞争的枝条。选择角度好、方向和部位合适的4个枝条，作为第一层主枝，还可用撑、拉等法加大主枝角度到60°～70°。

3. 3年生　疏除主干上部、主枝基部的直立旺枝和主干1m以下的枝条。疏除层间枝条，层间距不宜小于80cm。

4. 4~6年生　疏除过旺的直立枝，适当回缩已结果的下垂老枝组。在第二层以上，应多培养一些中庸枝组，对于结果过多的枝组，应抬高角度，防止折断。

5. 7年生以后　疏除过旺直立枝，回缩下垂或多年结果后的弱枝；疏除树冠上部生长过旺的枝组；第二层的延长枝长度不能超过第一层的延长枝，以上各层依此类推；每年更新1/3短果枝，以保证枝组健壮和果实优质（图6-57）。

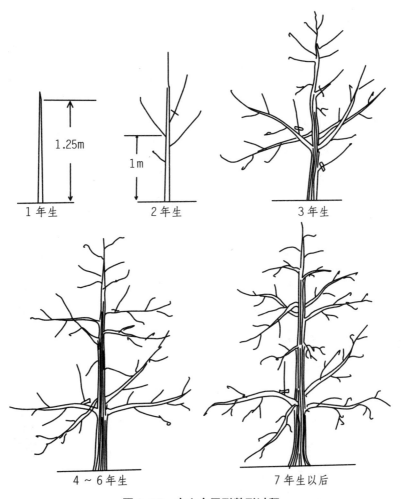

图 6-57 中心主干形整形过程

1.25m

1 年生

1m

2 年生

3 年生

4～6 年生

7 年生以后

十六、比拉尔式整形

该树形具有发育良好的树干（垂直单干）和在中央领导干上直接形成的中庸果枝及系统更新修剪的特点。适合嫁接在矮化（MM106）和乔化砧上、成枝力中等和强的品种（如金冠）。在巴尔干半岛广泛用于栽植密度为（3.5~4）m×（1~2）m 的梨和桃树整形上。

定植后，1 年生苗留 80～100cm 定干，留下 2～3 个最强的分枝，余者疏除。翌年，中央领导干延长枝剪去 1/3～1/2。同时，剪除竞争枝，保持延长枝的优势。在上年长出的侧生分枝中，留下 3～4 个，并选留几个发育良好的新梢，余者疏除。根据树势，经常调节中央领导干上侧枝的数量。

第三年，再次短截和突出领导干并形成 4～5 个位置合适、发育良好的侧梢。

整好形的树，树高达 2～2.5m，在中央领导干上分布均匀的枝组，达

20～30个。枝组由1个3年生、1个2年生和2个以上1年生枝组成。因此，树干上的侧生分枝可分为3类：前一年由芽子抽生的1年生枝，在修剪时，使其在中央领导干均匀分布，不需要的，则疏去；有侧生短果枝和延长梢的2年生枝，回缩到2年生枝条上，去掉顶端强梢；结果后的3年生枝缩到距基部2～3cm处，由留下的短桩上发生2～3个侧梢，留下其中1个为预备枝，余者齐根疏除。

照此循环，果枝经常得到更新，因此，结果集中到有生命力和高产的枝条上。金冠系短枝型品种，为避免中央领导干下部光秃起见，有时像格鲁吉亚式和细长纺锤形一样，留3～4个一级半骨干枝类型新梢。

按照这种方式整形的苹果树结果早，定植后2~3年就能丰产。例如，在南斯拉夫，桃树栽后第二年产量8~10t/hm^2，第三年20t/hm^2；从第三、第四年起，苹果产量更高，但果园很快衰竭，缩短了经营期。

十七、各种金字塔形

（一）分层金字塔形

其实，这也是一种纺锤形。在中干上，骨干枝均匀分布，骨干枝人为地分成5个一组，轮生或分层，层间距约为40cm。必须进行"等待"或"放慢"式修剪。所有中央领导干上的层间芽都应抹去或进行嫩梢摘心，当嫩梢达到10cm左右时，进行第二次摘心。这些新梢可辅助树干发育，但不影响骨干枝的正常延伸（图6-58A）。

（二）圆柱形或柱形

这种树形属于自由金字塔形和单干形间的中间形，需立支柱绑缚。圆柱形有个挺直的树干，其上长出新梢，要比骨干枝更快地形成长的结果侧枝（枝组）。这种树形整形和保持都比较难，它只适于矮化梨，这种品种适于在小骨干枝上结果。在中央领导干和骨干枝上形成结果枝，都需要多次采用著名的劳瑞特修剪法才能获得丰产，经验不足的人，不建议应用此法（图6-58B）。

（三）翻转金字塔形

这种金字塔形由三层组成，但目前的金字塔形各层

A. 分层金字塔形

B. 柱形

C. 翻转金字塔形

D. 带翼金字塔形

图6-58 各种金字塔形

枝基角一致，而此形基角是变化的，并且树冠各部从属分明，最下层枝基角为30°，中层基角为45°，顶部枝几乎近于水平。用拉枝法调整到位。做成这种良好的树形十分困难，一旦做成，很容易保持。在整形中要考虑到该形的自然平衡。这种树形常见于大梨园，不同梨品种均可应用，有可能较广泛地用于集约栽培（图6-58C）。

（四）带翼金字塔形

这种树形整形简单，容易丰产。需要金属骨架，骨架靠近树干或通过树冠中心，铁棍顶端拴在一起，绑上5根永久固定到地上的铁棒或支柱，这些支柱距中心支柱距离一致。树冠很容易构成金字塔形，把每层枝都绑到倾斜的铁支柱上，而每层骨干枝的末端与上层枝靠近处用嫁接法连接起来。这样，带翼金字塔形就由5个单干形（顺支柱分布的）和3或4层骨干枝（把单干形与中央领导干连在一起）所组成（图6-58D）。

十八、直线延伸扇形

笔者1974年在陕西省宝鸡市陈仓区天王镇天王园林场设计并试验了这种树形。它适于亩栽30～55株的密度。

（一）树体结构

树高3.5～4.0m，干高50～60cm。树冠分2～3层，每层两个主枝对生，顺行分布。每个基部主枝上有2～3个小侧枝，愈往上层侧枝愈少，体积愈小。主枝基角50°～60°，中央领导干和主枝直线延伸，层内距各层均为5～10cm。层间距100cm左右。树冠厚度在2.5～3m，树冠宽度在4～5m（图6-59）。

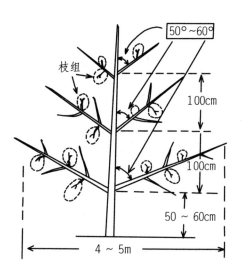

图6-59　直线延伸扇形树体基本结构

（二）塑造方法

定植后，在苗高60~70cm处定干，剪口下第三和第五芽，一定要选在株间方向（发枝力弱的品种，第五芽需刻芽促枝），将来长出第一层两个对生的主枝，第二年生长期间，除选留的中央领导枝和主枝外，其余枝条要及时控制。冬剪时，主枝剪留长度在40cm左右，剪口下第三芽留在背斜侧方向，以抽生第一侧枝，中央领导头留 50~60cm 剪截。第三年生长期，除各骨干枝正常延伸生长外，其余枝条要及时控制，冬剪时，中央领导枝再剪留 50cm 左右，剪口下第三、第五芽仍留在株间方向，以便发生第二层主枝；主枝延长枝剪留 40cm 左右；剪口第三芽留在出第一侧枝的对面，将抽生第二侧枝，各侧枝均在饱满芽处剪截。以后各年，依此类推。5~6 年可基本完成整形任务，过几年，条件具备时，进行落头开心。

十九、骨干多曲扇形

该树形适合干性强的苹果品种，也是笔者 1974 年在天王园林场设计试验成功的树形，适合亩栽 30~55 株。

（一）树体结构

干高 50 ~ 70cm，树高 3 ~ 3.5m，中央领导干弯曲延伸，每弯曲处向外侧甩出一个主枝，为一层，全树共 4 ~ 6 层。在第一、第二层主枝上各留 2 ~ 3 个小侧枝；主枝也弯曲延伸，每弯曲处向外侧甩出一个小侧枝或较大枝组，愈往上层，侧枝愈少，体积愈小，余为各类枝组。第一、第二层主枝基角 55° ~ 60°，愈向上，基角愈小。树冠下部宽 3 ~ 4m，冠厚 2 ~ 2.5m（图 6-60）。

图 6-60　骨干多曲扇形树体基本结构

（二）塑造方法

定植时，苗木斜栽，与地面交角 45°。在 70 ~ 80cm 处定干，要特别注意剪口下第二芽的方向，一定要留在背上，抽枝后作新领导枝。剪口下第三、第四芽留在背下，抽枝后作主枝用，若芽位太低，可刻芽促枝，要求中央领导干向株间方向左右弯曲，每拐一个弯，都向外甩出一个主枝。主枝顺行左右弯曲，每年也拐个弯，在弯曲处向外甩出 1 个小侧枝或枝组。以后各年塑造方法基本相同。对于原头，经过摘心、扭梢和环剥结果之后，要及时控制和疏除，以不过分影响骨干枝的生长为度。5 ~ 6 年后，树体整形大体完成。

当树冠形成最后一层时，原头仍要甩放 2~3 年，待条件成熟时，落头开心，达到规定高度。

二十、扁纺锤形（匈牙利扇形）

（一）树体结构

干高 60 ~ 70cm，树高 3.5 ~ 4.0m。一般留 6 个主枝，分三层，每层各留 2 个主枝，顺行对生，同年生（图 6-61）。层间距 80cm 左右，枝长度因株距而定，一般主枝长度略大于株距的一半。在主枝上，一般不留向上或向下的枝组，只留侧生枝作为结果枝组。一个主枝上，每侧各留 4 ~ 6 个结果好枝。待枝组长放、结果多年呈下垂后，则在中、后部强分枝处回缩更新。结果枝组整个衰弱

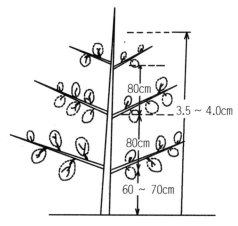

图 6-61 扁纺锤形树体结构

后，则疏除掉，利用其周围的营养枝培养新的结果枝组。株间枝梢交叉，连成树墙，树墙的厚度为行距的 1/2，树冠覆盖率只有 50% 左右，全园光照良好。

（二）塑造方法

在中央领导干旁立一支柱，以防中央领导干延长头弯倒。对中央领导干延长头不短截，任其向上生长，当其高达 2.2 ~ 2.5m 时，则落头控其高度。对由中央领导干延长头每年萌发出的分枝，一般一年内只留 2 ~ 4 个分枝，有条件的对侧生分枝进行大角度拉枝，使枝头朝下生长，而成为下垂枝组。对从弓背上萌发出来的徒长枝，一律疏掉；对留下的分枝，选培为主枝。幼树期，各主枝上的强旺分枝，一般要疏掉，以利于促发主轴上的中、短枝，使幼树结果成串。对没有拉枝的幼树，主枝成串结果后，也可将主枝角度拉下来，待主枝加粗后，再逐渐培养主枝上两侧结果枝组，直接进入盛果期。

对盛果期树的修剪，主要采用两种方法：一是控制超高枝和超宽枝，保持树冠相对稳定。二是疏除过密枝、衰弱枝和徒长枝，防止树冠郁闭。

二十一、矮纺锤形

该形适用于 M26 等半矮化砧和短枝型品种。

树高 2.0 ~ 2.5m，冠径为 1.5 ~ 2.0m。为适于密植，主干上发生的侧生分枝要保持 1m 左右的长度，直立枝要拉枝，分枝角小的枝可疏去，要整成各个枝间保持平衡、内膛光照良好的树形，使矮化树栽后 3 ~ 4 年内开花结果。具体操作

方法可参照细长纺锤形（图6-62）。

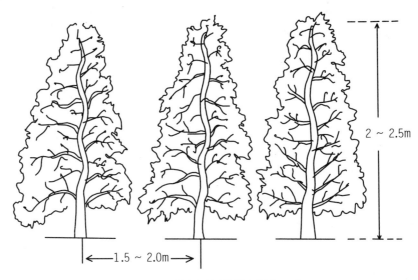

图 6-62　矮纺锤形树体基本结构示意

二十二、分层棕榈叶形

在摩尔多瓦，分层棕榈叶形得到最广泛的普及，主要用于半乔化和矮化营养系砧木的苹果及实生砧上分枝良好的梨品种上。

（一）树体结构

有中央领导干，在中央领导干上分布3层对生的主枝，层内距10~12cm，层间距因砧穗组合生长势的不同，为50~80cm。主枝开张角度：树冠开张的品种为55°～60°，树冠紧凑的品种为45°～50°。在主枝和中央领导干上只配备通过修剪形成的结果枝。

（二）塑造方法

定植有分枝的壮苗，定干高度70~75cm。如果整形带内有弱的分枝，则只留2～3个芽短截。在栽整形苗时，为了未来的下层，只选两个枝，剪留2/3左右的长度。中央领导干在高于主枝剪口20~25cm处短截，余者完全剪除。在新梢长达20~25cm时，选出第一层枝和中央领导干，剪除竞争枝和多余枝。

第二年，在高出层间距15~20cm处短截中央领导干，剪除竞争枝。在新梢10cm长时，剪除竞争枝和直立枝。当新梢长达20~25cm时，安排第二层枝。

第三、第四年，继续形成以上各层枝，剪除竞争枝和直立枝及其他多余的枝，当主枝长到1.5m长时，开张到需要的角度。第五、第六年落头开心，完成整形任务。

结果2～3年后，对结果枝进行更新修剪，剪除1个2～3年生的老果枝，在其基部留下 2 ～ 3 个芽或短枝的分枝。

在人工回缩多年生枝和疏剪部分结果枝的同时，可采用轮廓式机械化修剪。

树形图可参考扁纺锤形。

二十三、组合棕榈叶形

该树形是由苏联克里木园艺试验站研究提出的。属单层树冠，适于苹果和梨的半乔化砧穗组合。下层枝按培养意大利扇形的原则进行，而中央领导干按纺锤形整形。树冠不需设立支柱，管理简便，树高比意大利扇形矮些。

塑造方法是：第一年，1 年生苗定干高度在 70 ～ 80cm，对树干上的新梢进行扭梢；在夏季新梢停止生长时，选 3 个分布合理的旺枝，作第一层和中央领导干。第二年，在夏末新梢停长时，开张枝条角度（近 50°），若为加强其生长，可朝上绑到中央领导干上。第三年春，中央领导干在距上层枝顶部 110 ～ 120cm 高处剪截。剪后，中央领导干顶端应比侧生分枝的上剪口低 15 ～ 20cm。将顺行生长的旺枝拉倒或绑缚，这项工作一直坚持到夏季生长停止。当主枝长到 2.5m 长时，就将其最后开张角到 50°，如果拉开的枝在株间交叉，就彼此绑到一起。第四、第五年，中央领导干落头到 1 年生长放枝上，并且落头处应比主枝上剪口低15~20cm。主枝和中央领导干上的强旺枝要拉到水平状态。以后各年，进行一般修剪，必要时，也用疏枝和短截。疏除密生枝，而伸向行间的枝则换头到顺行生长的方向上。

单层树形的整形费要比意大利扇形少一半。树形可参阅意大利扇形和细长纺锤形。

二十四、锹形树冠

此形是由苏联 A.A. 伊林斯基提出来的，适于实生砧苹果树。

（一）树体结构

该形由 180cm 高的树干和两层主枝组成，每层 4 个，呈十字形排列，单个着生，在最上面的主枝上部剪除中央领导干。在主枝的安排上，上层枝在下层枝的上面，树冠投影呈十字形直角平面，锹形间用修剪控制，保持一个垂直的开口（图 6-63）。

图 6-63 锹形树冠水平投影图

（二）塑造方法

整形时，先留下 4 个呈十字形分布的主枝，剪在同一水平上。1~2 年后，留下一层，将中央领导干落头到最上面的主枝上，以限制其生长。垂直于开口处的枝回缩到主枝的芽和分枝处，多余的枝则疏除。直立型树冠要开张其角度，开张型树冠要抬高其角度，拉到中央领导干上或剪到方向合适的分枝上。

利用该树形，栽后第 8 年，10 个苹果品种的产量为平均 11 400kg/hm²，而旱地上个别品种达到 13 000kg/hm² 以上。哈尔科夫农学院共产党员教学试验场取得栽后 10 ~ 11 年达 24 760~25 600kg/hm² 的产量（品种为美味罗尚、花嫁、桔苹、召伊斯），这种果园采收劳动生产率几乎提高 1 倍。

二十五、折叠式扇形

这种树形，是笔者于 1974 年在陕西省宝鸡市陈仓区天王镇蹲点期间设计的，并在天王园林场试验实施。该镇八庙村山地示范园曾获陕西省宝鸡市科技进步一等奖，乔砧苹果密植研究获陕西省科学大会奖。

这种树形矮小，对于干性强的品种尤为有效。它适于亩栽 100 株左右的密度，既可作永久株树形，又可作临时株树形。

1 年生苗，不论何时定植，均于春季萌芽后开始整形。把苗干顺行向弯成水平状态，距地面 50cm，用树棍、绳子加以固定（图 6-64）。于基部弯曲处背上选好芽（芽前）刻伤，刺激抽生新领导干，为下年整形创造条件。注意在萌芽后及时抹除刻伤芽下面全部萌芽及其前部有竞争能力的萌芽，夏季新梢半木质化

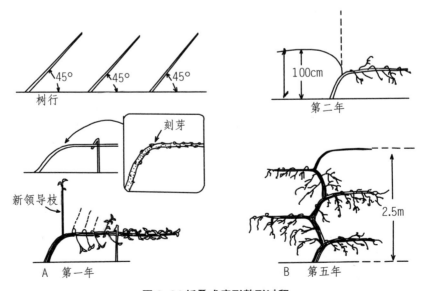

图 6-64 折叠式扇形整形过程

时，对刻伤枝周围的强梢进行扭梢、拉枝或坠枝，使其呈水平或下垂状态，以确保新领导枝的生长优势。秋季疏除萌蘖枝。翌年，将刻伤枝新领导枝向第一水平主枝相反方向拉平，距地面100cm，仍在弯曲处选好芽刻伤（图6-64）。夏季对第一水平主枝的中、后部进行环割并辅助喷华叶牌PBO 200倍液，以利促花。对1年生强枝进行捋枝和坠枝，保证刻伤枝的优势和形成适量花芽。以此，形成以上各层和各类枝组，一般栽后2～3年结果，4～5年丰产，注意控制花芽留量，培养中、小枝组系统，保持树冠体积，通风透光，丰产优质。

二十六、水平台阶式扇形

该树形也是笔者1974年设计的，适于乔砧苹果密植果园，更适于干性不强的品种。适宜的栽植密度为（3.5~4.0）m×（2~2.5）m。

（一）树体结构

苗木直栽，不定干，然后将苗木距地面50cm处，顺行向拉成水平状态，弯曲处接近直角，注意手要稳不要折断。在弯曲处，利用上芽优势，选一个好芽留下，当年萌生成一个强枝，成为新领导干。第二年，将其拉向第一水平主枝相反方向，离地面100cm。以后各年照此形成以上各层。整形完成后，树高2.5m，冠宽2~2.5m，冠厚1.5~2.0m。行间操作便利，光照良好，果大质优。

（二）塑造方法

该树形除苗直立栽植、新领导干拉弯角度不同外，其他塑造方法均同折叠式扇形（图6-65）。

二十七、弓式扇形

该树形也是笔者1974年在山西省宝鸡市陈仓区设计、试验的。由于该树形不需要定干，直接将苗干拉成弓形，符合树性和发育枝转化为结果枝的规律，成花结果早。

1年生壮苗，按4m×1m定植，春季整形，把1年生苗干弯成弓形，

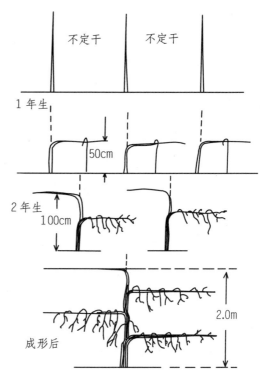

图6-65　水平台阶式扇形整形过程

绳头拴到梢部，另一端拴到主干下部，不需定干修剪。栽后第一年，新梢全部放任生长，新梢开始木质化时，进行拉枝。在弓背上留1个强壮直立新梢，翌年春萌芽前，剪除竞争枝，将留下的直立枝向相反方向弯曲成弓形，用绳拴住。依此，作为第三、第四个弓。树高不超过150～180cm，冠宽不超过1m。8～10年生树，新梢拉枝形成密墙结构（图6-66）。

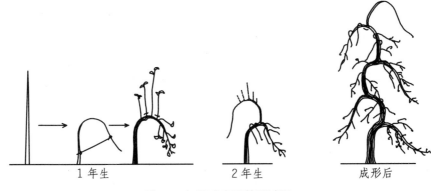

图6-66　弓式扇形整形过程

二十八、阶层式扇形

该树形适于乔砧苹果树，尤其是干性强的品种，在小冠、无支柱条件下，果树提前结果，栽植行距4m，株距2m。

苗木春、秋栽植均可。但整形要在春天开始。1年生苗顺行弯向某一方向，呈水平状态，距地面35～50cm（视苗木高度），用绳和小木桩固定于树干中部。定植当年不需修剪，当7月中旬新梢快要木质化时，拉成水平状态，在水平臂中部（接近顶部），留1个发育良好的新梢，疏除主干垂直部分上的新梢。

第二年春芽开放前，若新梢上有顶花芽的可以解开拉绳；无花芽者，则在枝中部好芽处剪，以去年留下的直立枝形成第二层，将其弯向另一方，用绳子拉成水平状态并固定好，提高35～50cm。同第一年，新梢任其生长，待木质化时进行编枝（或捋枝），再留1个直立新梢作下一层整形用。第三年又弯向另一方，也升高35～50cm，依次可形成第四层，但树高不应超过180cm。冠宽不超过120cm（图6-67）。

二十九、四主枝单层形

该树形1981由苏联B.A.巴夫连柯提出，并于1990年通过克拉斯诺库茨克园艺试验站鉴定。

这种树形是杯状形树冠的变体，是由4个伸向行间、分枝角近直角的主枝组成。

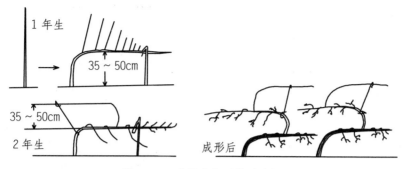

图 6-67　阶层式扇形整形过程

最好用有 4～5 个分枝的营养苗建园。若用无分枝的 1 年生苗时，可在果园强制整形。

春季，第一次修剪时，选好 4 个方向合适、分布均匀的强枝，并去掉中央领导干。留下的 4 个枝，彼此相距 10～20cm，以利生长条件相近和与树干结合牢固。枝条开张角度适宜在 45°～60°（图 6-68），必要时，把枝绑到树干和拉到支柱上。

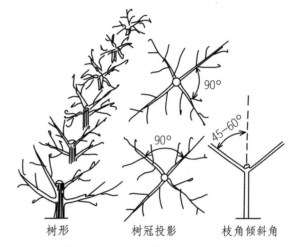

图 6-68　四主枝单层形整形过程

以后各年，采用适度修剪，逐渐用一定量的侧枝、辅养枝和结果枝充实树冠。随着盛果期的到来，在一株树范围内，枝条彼此编别，或顺行建立 V 字形双臂斜篱架的铁丝支柱系统。

2 年生营养苗整形时，留 2 个对生、分枝角大的侧生枝和中央领导干，余者疏去。定植时，使两个留下来的枝与行间呈 45°角。

栽后轻剪，只去掉主枝和中央领导干上的直立枝，保留水平、下垂枝。为避免光秃，将一部分直立枝绑缚或固定到水平状态。生长正常的主枝延长梢不短截。在距下面两个主枝 50～70cm 处，选留第三和第四个主枝。一般到第四年时，主枝长达 180～250cm，用铁丝拉成 45°角，固定于树下。中央领导干不去掉，只弯倒到主枝上面。在主枝背上的徒长枝，可剪除 1 个，拉倒 1 个，使之变成枝组。

这种树冠光照好，结果枝生长均衡，结果早，便于修剪和采收作业。

三十、斜十字形

在梨树亩栽百株左右的情况下，可采用此形。

树体结构　干高40cm，第一层留4个主枝，呈斜十字形分布。第一和第二主枝为永久性主枝，对生，顺行分布。第三和第四主枝为临时性主枝，分别伸向行间，与第一和第二主枝构成60°夹角。第二、第三层各留2个主枝，分别与第一层永久性主枝构成30°角，斜十字交叉。第一至第二层间距80cm，第二层第三层间距60cm。每个主枝上着生2～3个侧枝或大枝组，主枝角度为50°～60°。该树形造形简单，成形早，产量上升快，尤其适于以短果枝群结果为主的品种（图6-69）。

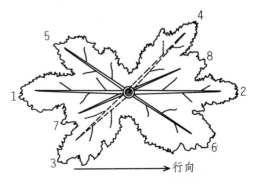

图6-69　斜十字形树体结构

1、2.第一层两主枝，3、4.第一层两辅养枝，
5、6.第二层两主枝，7、8.第三层两主枝

三十一、双层披散形

该树形适用于梨树密植栽培，株行距3m×3m。

在定植后的第四年春，对于前三年从中央领导干上长出的枝条，不加修剪，形成第一层。中央领导干直立生长，每年加以修剪，使其产生分枝，逐渐形成第二层。这样，将中央领导干也拉平，抑制其生长极性。为了管理方便，可将枝条顺行拉平，形成树墙。此形造形简单，成形快、结果早、产量上升快，但树冠结构不紧凑，枝条紊乱，负载量有限（图6-70）。

三十二、林空式整形

1980年，新西兰通过10年试验，提出林空式水平整形。该树形呈T字形。树形水平，冠幅可以尽量扩大而不影响光照，只要有足够的行间通道供机械行走操作便可。行内树冠可以相连，跨行树冠也可扩大，减少了单位面积的作业道，从而使单位面积内树冠增加，群体叶幕比较连续，果品产量显著提高（图6-71）。

三十三、半扁平树形

该树形由苏联乌克兰灌溉园艺科学研究所提出，是由不弯曲的主、侧枝形成的自由生长的扁平树冠的变体。

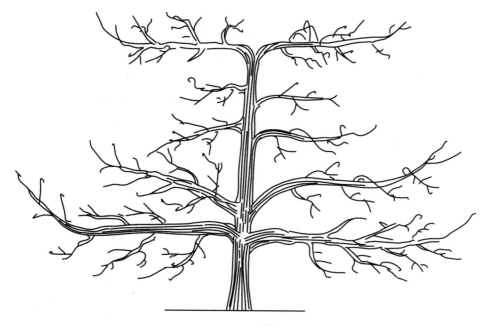

图 6-70　双层披散形

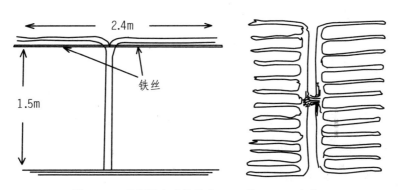

图 6-71　苹果林空式整形（Dunn 等，1980 年）

（一）树体结构

树冠基部宽度在 2.5 ～ 3.5m，由 5 ～ 6 个顺行分布的主枝组成。主枝与行间夹角不应超过 15° 角。下层两个主枝对生，其余各层对生或单生。对生枝最好由相距 10 ～ 30cm 的芽抽生。半乔砧的苹果和梨，层间距为 70 ～ 90cm，实生砧苹果 90 ～ 100cm。

（二）塑造方法

根据砧穗组合的综合生长势，1 年生苗定干高度在 70 ～ 90cm。在定植 2 年生苗时，选 2 ～ 3 个顺行分布的对生强枝，于 1/3 ～ 1/2 处短截。将来的中央领导干在高于侧枝上剪口 15~25cm 处下剪，其余枝皆疏除。

选留的下层枝中，其中一个作为预备枝，次年将多余的枝，连同树干上的萌蘖枝全部疏除。一般侧枝不截，下年按普通扁平树形的原则进行整形修剪，树干和主枝背上的新梢早期抹除。

第三年，形成下一层枝，树干上多余的枝同竞争枝一样，齐根疏除。

为了防止成枝力弱的品种主枝光秃，延长梢适度剪留50~60cm，用转主换头法开张主枝角度。

侧枝和辅养枝按一般方法整形，其间距保持20~30cm。主枝在必要时，倾斜角为45°～55°。

第四至第五年剪法同前，安排第三层1～2个主枝，并用辅养枝、结果枝充实树冠，为了防止层间和主枝上枝条郁闭，要疏除多余的分枝和结果枝。

半乔化树在形成最后1个主枝时，中央领导干在离地面2.5~2.8m高处、实生砧树在3~3.2m的弱枝处落头开心。最后几年，中央领导干和主枝用适度的限制法修剪来保持在一个高度上。

为了维持生物学平衡，负担主要产量的下层枝，在树冠中应有优势，以后按结果树的一般管理进行截、疏，并结合轮廓式机械化修剪。

这种树形不需支柱，建园投资要比意大利扇形省一半。在产量上，半扁平形不亚于其他树形。在开始结果的7年中，红玉、皮平·伦敦和西米宁柯·莱茵特采用意大利扇形整枝果园和嫁接在M3砧上的半扁平形的产量，实际是一样的。

树形可参阅意大利扇形。

三十四、苹果自由扇形

这是一种扁冠自由扇形。

栽后，整形带无分枝的营养苗，在距地面70cm处短截；有分枝的苗，枝顺行栽，如分枝不平衡，强枝于顶端弱芽处短截，中央领导干高于第一层枝30～35cm处短截。

夏季剪除竞争枝和徒长枝。

翌年春，在距第一层70~80cm处剪截，留第二层。在中央领导干上，每15cm留1个新梢。弱枝不动，30cm以上的长枝留12～14个芽短截。对第一层间，骨干枝上抽生的直立枝和小枝进行环剥。第二层以上，疏剪密生枝；对于留下的枝，任其生长。夏季疏除骨干枝上的竞争枝。

第三年，使树冠各部趋于完善，疏除骨干枝基部的直立枝和竞争枝，把中央领导干上第一层内的小枝拉平，开张第一层枝的角度。元帅树可达50°左右。

第四年春，用修剪方法开张第一层主枝的角度。成形后，树高 3.0m。

树形可参考自由棕榈叶形。

三十五、李自由扇形

意大利栽培的李树，广泛应用此形。其优点是：幼树修剪量轻，早期结果好，并比规则扇形省架材 30% 左右。

（一）树体结构

干高 45 ~ 65cm，主枝 6 ~ 8 个，分 3 ~ 4 层排列；层间距 70 ~ 80cm，树高 3 ~ 3.5m。

（二）塑造方法

第一年定植，定干高度在 60 ~ 70cm。第二年，只疏除竞争枝，其余枝缓放，以促花结果。选留的中央领导干和主枝行中截，以促进分枝。一般 3 年内完成主枝选留任务；当树高达 3m 时，采用人工拉枝法，加大主枝角度并缚于铁丝上，使其成形。

亚洲李品种群的花束状果枝，易抽新枝，对修剪要求严。一般一年生枝缓放后，翌年成花，短截结果；待抽生新枝再缓放，以此循环，可连年丰产。注意疏除病枯枝、徒长枝。欧洲李子品种群的 1 年生枝缓放结果后，不易抽枝，应及时回缩更新。

树形可参阅意大利扇形。

三十六、自由棕榈叶形

在很多方面，自由棕榈叶形与意大利扇形相似。但在成形过程中，不培养几何式的规范树形，不用一定的框子、模子，而要充分地考虑到品种和砧木的生长势。常用轻剪长放法开张个别的主枝和长势旺的侧枝角度。

树冠一般由 5 ~ 8 个对生或单生的伸向行间的主枝组成。因砧穗组合生长势不同，树干同方向的主枝间距在 40 ~ 80cm。为分生和加强主枝的生长，每年在最上面的一个主枝基部 45 ~ 70cm 处短截中央领导干，使其占有优势位置，应高于侧枝上部剪口 15 ~ 25cm。

为建设树冠骨架，选择伸向行间、分枝角大的强枝。在开始几年里，宜多留辅养枝，丰满树冠，以后，随树冠郁闭，再逐渐疏除。

开始几年，用修剪促进枝的生长势和调整方向，使其尽可能均衡地分布在树冠的两面。必要时，进行拉枝和立支柱。

第三、第四年，在距树干 50cm 的主轴上，形成小主枝，同时，保留树冠骨架的同级结构、对角度小的旺枝采用疏、放两种剪法。在树的一生中，用修剪控制枝条向行间生长，树冠基部宽度保持在 2 ~ 2.5m，高度保持在 3.5m。6 ~ 8 年完成整形任务，此期内进行落头开心。

对中央领导干和主枝适度短截，对行间旺枝和下垂枝轻剪长放，以造成相对稳定、结构紧凑的树冠，这样的树冠常不需设支柱（图 6-72）。因此造形简单，管理省力，易于在生产上推广。

这种树形的产量与意大利扇形相近。例如，按 4m×3m 栽植，以 M9 为砧木的苹果园，在开始结果的前 4~5

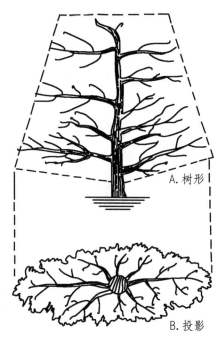

A. 树形

B. 投影

图 6-72　自由棕榈叶形及其树冠投影

年里，与意大利扇形的单位面积产量存在差异：元帅 42%，西米宁柯·莱茵特 18%。进入盛果期后，上述两种扇形 5 年产量平均，实际上已无差异：元帅意大利扇形产量为 29 900kg/hm²，自由棕榈叶形为 30 900kg/hm²；西米宁柯·莱茵特分别为 32 900kg/hm² 和 31 400kg/hm²。在半乔化砧 M3 苹果园也未发现这两种树形在产量上的差异。

三十七、自由棕榈叶扇形

这种树形适于密植，成形快、结果早。在中央领导干上培养结果枝。每年新梢不短截，但是，生长很强的要重剪。如果树的发育枝长 75 ~ 80cm，对整形来说是一般的长度，每年冠径可增长 60 ~ 70cm。10 年可完成整形任务。用此法在 4 年中，不需特殊的管理。如果树抽生许多发育枝，其中 1 个或几个枝可能形成辅养性的骨干枝。当某一新梢发育太快时，则在树冠空处将其弯倒，不注意树冠外形。这种树形结果枝分布不均衡（图 6-73）。

三十八、丛状形

在树干经常发生冻害的条件下，或气候条件对果实生长发育不够有利的地区，宜采用低干的丛状形。矮生楹梼，桃、酸樱桃和李树可培养成丛状形。近年，苹果和梨的矮生砧穗组合也试用这种树形。在冬季寒冷地区，除醋栗、树莓、栗子、榛子树外，有时酸樱桃，甚至苹果也采用此形（图6-74）。

图 6-73　自由棕榈叶扇形

图 6-74　丛状形

塑造方法　在矮化树整形时，树冠由 5 ～ 7 个分布均匀、分枝角45°～60°的主枝组成。干高0.3 ～ 0.5m，主枝在中央领导干上自由分布。在开始的2~3年里，进行适度短截修剪，以调节枝条生长。后期，适度疏枝以改善光照。当生长衰弱和果个变小时，则要定期进行更新修剪。

意大利的菲杰格利教授在营养面积为 4.5m×（1.5 ～ 2）m 的苹果园，砧木为 M9 和 M26，采用自由丛状形整枝。领导干在 50 ～ 55cm 处短截，以后 5 年中，元帅系不修剪，只绑枝，即将自由生长的枝绑到立柱拉出的铁丝上，使树的骨架牢固。以后各年，只剪除遮阴枝和折断枝。用修剪限制树冠宽度和使树高达到 2.0 ～ 2.2m。为了提高果实质量，经常进行老果枝更新修剪。这种果园在整形上可以节省大量劳力，栽后第三年的产量：金冠和元帅的产量分别为 16 800kg/hm^2 和 8 800kg/hm^2，第四年分别为 25 200kg/hm^2 和 12 100kg/hm^2，第五年分别为 43 500kg/hm^2 和 27 500kg/hm^2。

这种树形在苏联米丘林斯克广泛用于生产。为了使树稳定，需设有立柱，并拉一道铁丝。

三十九、无骨架形

该树形构成树体极小，适用于苹果、桃、枣等草地果园。全树只有 1 ～ 2 个枝组，枝组不断回缩更新，经常保持结果枝与预备枝的合适比例。

（一）苹果

1969 年在英国用于草地果园，亩栽 4 700 ～ 6 667 株，行株距 20 ～ 30cm。定植第一年（嫁接当年），抽生 1 个枝梢，即形成花芽，翌年结果，全树只有 1 ～ 2

个枝组，没有骨干枝，枝组结果后，立即回缩更新（图6-75）。这样，两年有一次收成，采用机械修剪和采收，试验取得成功。但因经济上不划算，尚未用于生产。

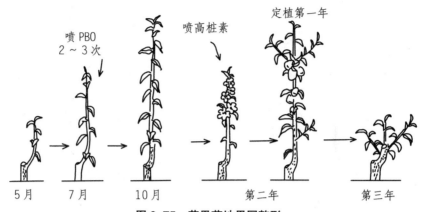

喷PBO
2～3次

喷高桩素

定植第一年

5月　　7月　　10月　　　　第二年　　　　第三年

图6-75　苹果草地果园整形

（二）桃

桃草地栽培可分两种制度。

1. **完全机械操作选用扦插苗，防止根蘖发生**　品种要选6月底前成熟的早熟桃，且要求植株生长中庸、树冠直立、花芽形成中等，扦插易发根，开花和成熟一致，果实紧实，适于机械采收的品种。栽植行株距为1.5m×0.5m或1.8m×1.6m，亩栽350～889株。成熟时，用联合采收机械连植株地上部一起剪截采收，它适于大面积桃园。由于无需修剪和实行机械采收，可节省大量劳力。

栽植后翌年春，发生1个新梢，长至60cm时轻截，促发副梢。到生长末期，树高130～200cm，有许多着生大量花芽的副梢果枝，翌年即大量结果。果个大小因品种而异，产量近似或超过一般桃园。采后10天，腋芽从采收时留下的短桩上萌发，经4～5个月，早熟品种可于当年形成植株骨架和适量花芽。植株用联合收割机回剪，留下基部1年生枝5～10cm，其上有可供更新的芽。需要注意防止夏季高温和补充营养供应，以防止植株死亡。

2. **集约栽培**　植株有两个枝组，采用双枝更新。冬季，将其中一个枝组回缩成短桩，促其抽生新枝；另一个保留待下年结果。等到下年冬季，则将前一个抽生的新枝保留以供结果，而将后一个回缩成短桩，促其抽生新枝（图6-75）。如此往复，可轮流更新结果，它适用于中、晚熟品种，可在小面积人工采收的桃园中应用。

这种栽培制度，主要问题是回缩后的短桩上如何在荫蔽的下部快速长出新梢，防止长放枝梢的遮阴，且能形成花芽。采用冬季提早短截，可使短桩提早萌发抽梢；对于早熟品种，结果枝组采收后，短截 1~2 次，可减少遮阴，同时，需要增大株距，并使枝组与树行垂直，每年修剪树行的一侧，以改善光照。

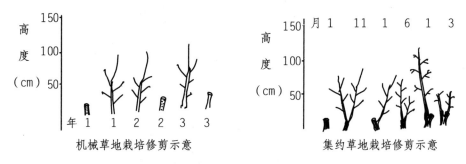

图 6-75　桃机械草地栽培（左）与集约草地栽培（右）修剪